本书由武汉纺织大学学术著作出版基金资助出版

促进我国生态文明发展的财政政策研究

李正旺◎著

中国财经出版传媒集团

经济科学出版社
Economic Science Press

图书在版编目（CIP）数据

促进我国生态文明发展的财政政策研究/李正旺著．—北京：经济科学出版社，2017．12

ISBN 978－7－5141－8636－9

Ⅰ．①促…　Ⅱ．①李…　Ⅲ．①生态环境－补偿性财政政策－研究－中国　Ⅳ．①X－012

中国版本图书馆CIP数据核字（2017）第273298号

责任编辑：于海汛　李　林
责任校对：杨晓莹
责任印制：潘泽新

促进我国生态文明发展的财政政策研究
李正旺　著
经济科学出版社出版、发行　新华书店经销
社址：北京市海淀区阜成路甲28号　邮编：100142
总编部电话：010－88191217　发行部电话：010－88191522
网址：www.esp.com.cn
电子邮件：esp@esp.com.cn
天猫网店：经济科学出版社旗舰店
网址：http：//jjkxcbs.tmall.com
固安华明印业有限公司印装
710×1000　16开　11.5印张　190000字
2017年12月第1版　2017年12月第1次印刷
ISBN 978－7－5141－8636－9　定价：39.00元
（图书出现印装问题，本社负责调换。电话：010－88191510）
（版权所有　侵权必究　举报电话：010－88191586
电子邮箱：dbts@esp.com.cn）

前　言

改革开放以来，我国经济发展取得了显著的成就，经济总量不断上升，经济结构不断优化，综合国力不断增强，人均收入不断增长。目前，我国 GDP 已经达到了世界第二的位置，尤其在部分地区，已经达到了发达国家水平。然而值得注意的是，经济发展与环境、资源方面的矛盾日益严重，环境污染、资源浪费与经济增长相伴而生，已经逐步成为影响经济发展、社会进步的重要因素。在这一背景之下，循环经济、低碳经济、新能源经济等新的经济模式层出不穷，生态文明也应运而生。促进生态文明发展不仅是我国即将实施的“十三五”规划的一项重点内容，同时也是我国社会主义市场经济发展过程中的一项重要目标。

毋庸置疑，目前生态文明的研究仍然处于起步阶段。尽管对环境、资源财政政策，对生态文明及其相关的财政政策有了一定的研究，然而依然没有厘清财政政策促进生态文明发展的理论基础，没有阐明财政政策促进生态文明发展的运行机理。除此以外，促进我国生态文明发展的财政政策的现状分析、效应分析、借鉴分析及优化路径也不够系统、深入。因此，加强促进我国生态文明发展的财政政策的研究势在必行，意义深远。

目　录

第一章

导　　论

一、研究的背景及意义

（一）研究背景

纵观人类社会的历史，是生产力与生产关系，经济基础与上层建筑两大基本矛盾作用的历史。就生产力的角度来看，从石器时代、青铜器时代到铁器时代，从蒸汽机的发明、电的应用到计算机的产生、原子能的应用及航天技术的飞速发展，再到互联网的兴起、信息时代的来临，生产力经历了一次又一次的飞跃。就生产关系的角度来看，从私有制的产生、阶级的形成，国家的出现，从奴隶与奴隶主的关系，农民与地方的关系，工人与资本家的关系，到人民内部矛盾，生产关系经历了一次又一次的变革。就经济基础的角度来看，从原始社会、奴隶社会、封建社会、资本主义社会到社会主义社会，社会形态发生了一次又一次的转变。生产关系以及建立在其之上的经济基础经历一次又一次的变革。就上层建筑而言，从奴隶国家、封建国家、资本主义国家到社会主义国家，从人治社会到法治社会，专制社会到民主社会，上层建筑领域完成一次又一次的更替。人类社会的历史进程，主要存在于认识自然与改造自然的不断进步之中。然而，在这一过程的背后，有一个问题是值得思考的：自然除了认识和改造之外，是否也需要保护？答案是肯定的。由于人们过度地改造自然，人的生存环境、自然界的资源数量呈现出退化的特征，尤其是近年来，有愈演愈烈的趋势。20 世纪中叶发生的比利时马斯烟雾事件、伦敦烟雾事件、日本水俣病事件等“八大环境公害事件”、20 世纪 80 年代发生的意大利塞维索化学污染事件、美国三里岛核电站泄漏事件、墨西哥液化气爆炸事件等“新八大环境公害事件”以及近年来发生的印度尼西亚海啸灾难、日本福岛核泄漏事件、中国出现的雾霾问题迫使人们不得不在认识自然、改造自然的背后，逐步开始重视保护自然的问题，即生态文明的问题。

回顾生态文明的历史，最初的萌芽可以追溯“生态”一词的产生。1866 年，德国科学家海克尔在《生物体普通形态学》一书中首次提出了“生态”的概念。而此时的生态仅仅指生物群落的生态状态。20 世纪 20 年代，美国社会学家帕克与伯吉斯在其所著的《社会学科学导论》中第一次提出了“人类生态学”的概念，同时也标志着运用生态学的方法解决人类社会问题的产生。1935 年，英国学者坦斯勒在《人类生态学》一书中进一步提出了“生态系统”的概念，开启了人类从宏观的角度认识自然生态环境的先河。

20 世纪 60 年代，生态学的研究领域进一步拓宽，逐步形成人文学科融会贯通的新道路，从自然界生态的研究逐步演变为社会生态的研究。1962 年，美国生物学家卡逊在其出版的《寂静的春天》一书中提出如果环境问题得不到解决，人类将会面临灾难。《寂静的春天》一书的出版，引起了世界范围内的强烈反响，引发了人类对环境问题的深入思考。该书的出版不仅是人类生态意识觉醒的标志，而且成为现代环境保护运动史上的一座丰碑。1966 年，美国经济学家彼德林更是提出了“地球宇宙飞船理论”，将人类生活的地球比作太空中的宇宙飞船，假如开发自然资源不合理的话，便会使人类社会因资源的过度开发而走向灭亡。

20 世纪 70 年代，随着两次能源危机的到来，经济发展与资源短缺的矛盾进一步突显，1972 年，麻省理工学院米都斯教授等发表了震憾世界的著名研究报告——《增长的极限》。该报告展示了人类无止境地追求增长所带来的恶果，提出了增长极限的理论，引发了人们对经济发展模式的反思。

20 世纪 80 年代，人类社会开启了可持续发展道路的探索。1980 年，世界自然保护组织发表的《世界自然保护战略》中首次提出了“可持续发展”这一概念。1983 年联合国大会和联合国环境规划署授命前挪威首相布伦特兰夫人组建“世界环境与发展委员会”，就人类的未来发展与环境问题进行了全面研究。

20 世纪 90 年代，可持续发展战略也逐渐成为了国际环境与发展政策的潮流，现代意义上的生态文明也悄然兴起，环境问题成为了全球关注的焦点。1990 年，皮尔斯和图奈在《自然资源和环境经济学》一书中首次使用了“循环经济”一词，从资源管理的角度讨论物质循环，试图依据可持续发展原则建立资源管理规则，并建立物质流动模型。1992年，联合国环境与发展大会在巴西的里约热内卢召开，会议通过了《21世纪议程》这个重要文件，该文件高度凝练了对可持续发展理论的认识。1995年，美国著名作家莫里森在其出版的《生态民主》一书中，提出了现代意义上的生态文明的概念，该书把生态文明看作农业文明、工业文明之后的一种新的文明形式。1997年为了人类免受气候变暖的威胁，除美国外，大多数联合国气候变化框架公约参加国在日本京都的三次会议上签署了《京都议定书》，环境问题开始成为世界范围内广泛注意的问题之一。

进入2000年以后，生态问题进一步引起了社会的广泛关注。2002年，联合国环境规划署在巴黎发布了《全球环境综合报告》，该报告预言了100年后，即2100年人类可能面临的生态问题，进一步唤醒人们对于生态领域的关注。2009年12月，192个国家的代表在哥本哈根召开联合国气候会议，就《京都议定书》一期到期后全球应对气候变化签署新的协议，开启了人类社会应对生态问题的新纪元。2014年世界气候大会在秘鲁首都利马召开，会议指出，与会国将在2015年初制定并提交2020年之后的国家关于气候的自主决定贡献，并对相关细节做出要求，会议将国家对生态文明的自主贡献提高到了一个新的高度。

生态问题在国外从概念引入到普遍关注经历了一个半世纪的变迁，而在我国现阶段的生态问题认识则与党的政策息息相关，紧紧相连。

改革开放以前，在“与天斗其乐无穷，与地斗其乐无穷”的“斗争哲学”指引之下，形成了所谓的“人定胜天”的思想，在大炼钢铁、大跃进、农业学大寨等屡次运动中，对自然资源和生态环境造成了严重的破坏。

改革开放以后，党和国家的领导人逐渐意识到生态问题的重要性，初步形成了较为系统的环保理念，这一思路逐步反映在党的十二大至十六大的报告中，“人口控制”“提高资源利用效率”“治理污染”“改善生态环境”“可持续发展”“循环经济”“低碳经济”“‘两型’社会”等关键词逐渐成为报告中的亮点。然而，不可否认的是，经济建设依然是这一时期的中心，在如何处理经济发展与环境保护的关系问题上，在GDP为纲的政绩指标引导下，政策的决策者与执行者更多的偏向于经济发展，从而造成了生态领域的进一步破坏，特别是在世纪交替之际，我国甚至出现了较为严重的“生态危机”。

2007年，党的十七大报告中将“生态文明”作为全面建设小康社会的重要目标，第一次正式写入党的正式文献，这是生态问题在我国理论上的一次升华。在传统的社会发展过程，政治、经济、文化、社会是主要方面，而且生态问题的引入，进一步表明了生态问题在经济发展全局的地位和高度。

2012年11月，党的十八大报告中“生态文明”的地位进一步突显。报告指出，应“把生态文明发展放在突出地位，融入经济建设、政治建设、文化建设、社会建设各方面和全过程”。报告使用单独一章以“大力推进生态文明发展”为题来论述如何建设生态文明，由此来构建起经济、政治、文化、社会、生态“五位一体”的中国特色社会主义的“总布局”。

2013年11月，党的十八届三中全会进一步指出，建设生态文明，必须建立系统完整的生态文明制度体系，同时进一步阐述了源头保护制度、损害赔偿制度等一系列的具体制度，将生态文明建设进一步细化。

2014年10月，党的十八届四中全会首次以专题研究部署的形式全面推进依法治国，这一部署也为生态文明建设提供了法治基石。

纵观国内外生态文明的发展史，“生态文明”这一概念的提出既反映了全球性的问题，又反映了区域性的问题，既反映了发展性的问题，又反映了现实性的问题。然而在建设生态文明的问题上则任重而道远。从财政政策的角度来看，以德国、日本为代表的部分国家，根据其本国的国情，运用包括财税手段在内的多种发展手段，通过循环经济等多种发展模式，在节约资源、保护环境、修复生态领域有许多先进的经验，为我国生态领域问题的解决提供了宝贵的借鉴。我国近年来通过政府采购、直接投资、财政补贴、税收征收、税收优惠等财政政策在节约资源、保护环境、调节生态等领域也积累了一定的宝贵的经验。然而，就我国的现实而言，资源浪费、环境污染、生态破坏的形势依然严峻，而受社会发展阶段影响，财政政策的改革与完善尚需时日，因此，通过财政政策促进我国生态文明发展还任重而道远。

（二）研究意义

本书将在已有研究基础上，对促进生态文明发展的财政政策这一问题进行深入研究，具有较强的理论与现实层面的科学意义，试图在以下方面作出科学贡献。

1. 理论意义

（1）进一步完善了经济发展阶段论。根据马斯格雷夫与罗斯托的经济发展阶段论，财政政策在社会发展的不同阶段就其结构而言，侧重点是不同的。在经济发展的早期阶段，国家的投资主要集中于维持性支出和公共投资，政府政治职能的重点在国防领域，治安领域，经济职能的重点在于桥梁、道路、铁路、电力、通信、水利等基础设施和煤、石油、天然气、钢铁、有色金属等基础产业投资。在这一阶段，人们的生活水平相对较低，社会领域的支出相对弱化。而在经济发展的中期阶段，由于公共投资已经具备一定的规模，政治投资将让位于私人投资，这个时候政府职能开始转向社会领域，开始侧重于缩小收入的差距。随着经济的进一步发展，到经济发展的成熟阶段，人们的收入不断地增长，教育、医疗、文化、体育等收入弹性较高的公共产品或者混合产品开始成为政府发展的重点，这个时候政府也开始日益注重资源与环境领域发生的变化，生态文明也就开始走入人们的视野。因此，在经济发展阶段论中引入生态文明概念是经济发展阶段论的题中应有之义。

（2）进一步完善了财政分权理论。根据偏好误识论、辖区受益论、以足投票论和俱乐部理论，在处理中央政府与地方政府的关系上，倾向于分权而非集权。然而，现实的问题相对复杂。如温室效应问题，不仅仅市场领域存在的外部性的问题，而且政府领域也存在失灵的问题。换句话，这个问题不仅是国内的问题，也涉及国与国之间的问题，任何一个国家先治理，其他国家都有“搭便车”的可能。又如，长江三峡工程的修建，除了湖北、重庆电力受益之外，华中、华东、华南电网也在受益，同时，由于工程的修建对湖北、重庆的影响既有确定性的一面，又有不确定性的一面，这样，区域间的财政如何分配，对于不确定性的一面如何补偿，这些问题有待从财政分权领域进一步解决。

2. 现实意义

（1）研究促进生态文明发展的财政政策是落实党的十八大报告精神的重要举措。十八大报告指出：“必须树立尊重自然、顺应自然、保护自然的生态文明理念，把生态文明发展放在突出地位，融入经济建设、政治建设、文化建设、社会建设各方面和全过程”。从报告可看出，生态文明虽然是一个生态问题，但已经融入到经济、政治、文体、生态的各个领域和整个过程，它的发展与包括经济建设在内的其他建设息息相关，紧紧相连。作为经济建设的重要手段之一财政政策在其发展过程中也有着特殊的作用，如通过税收政策抑制环境污染的进一步漫延，通过财政补贴鼓励生产领域或者消费领域的资源节约，通过财政投资修复已经破坏的生态环境，这些早已出现在世界各国的生态治理过程之中，也是党的十八大报告的题中应有之义。因此，研究促进生态文明发展的财政政策是落实党的十八大报告精神的重要举措。

（2）研究促进生态文明发展的财政政策是实现经济发展方式转变的根本途径。改革开放以来，尽管我国在经济领域取得了巨大的成就，然而也面临着资源约束趋紧、环境污染严重、生态系统退化的严峻形势，在这一背景之下，转变传统的经济发展方式，树立生态文明的理念，从工业文明过渡到生态文明，实现污染的充分治理，资源的合理利用以及生态的有效保护，是时代发展的根本要求。作为促进生态文明发展的重要工具之一，财政政策有着当仁不让的义务和无可比拟的优势，如环境工程的建设离不开财政资金的支持，资源节约的行为离不开税收政策的引导，生态方案的形成离不开财政补贴的激励。因此，研究促进生态文明发展的财政政策是实现经济发展方式转变的根本途径。

综上所述，促进生态文明发展的财政政策的研究既是财政政策研究的理论上的升华，同时也是资源环境研究实践上的提升，具有理论基础与现实热点“双重”意义。

二、文献综述

1. 关于环境财政政策的研究

（1）关于环境政府采购。刘斌（2006）认为，国内实施绿色政府采购的条件已基本成熟。① 沈兴兴、刘尊文（2008）认为，在建设环境友好型社会的背景下，应加快政府绿色采购进程，尽快建立可持续消费制度。② 张灼、丁琼清、王跃辉（2011）介绍了湖北省武汉市开展绿色政府采购的

① 刘斌：《共同努力继续推进政府绿色采购工作——专访国家环境保护总局相关负责人》，载于《中国政府采购》2006年第6期。

② 沈兴兴、刘尊文：《推行政府绿色采购建立可持续消费制度》，载于《环境与可持续发展》2008年第2期。

基本情况，通过制定“绿色”政府采购标准，推行绿色政府采购计划，建立政府采购“绿色通道”，带动“绿色”消费模式的形成等诸多手段，武汉市绿色政府采购取得了较好的效果。① 子非（2006）认为绿色政府采购是国际趋势，丹麦、美国、加拿大等国都制定绿色政府采购的相关法律，将经过环境认证的产品优先列入采购目录，而日本政府在这一问题上更加严格，实行了强制采购政策。② 王秀珍、宿海颖、何友均等（2011）分析了法国、英国、荷兰、丹麦和日本等主要发达国家实施林产品绿色采购政策的基本内容，同时评估了实施林产品绿色采购政策对不同层面的影响，并在此基础上提出了我国实施林产品绿色采购的相关政策建议。③ 刘卫平（2014）认为，积极推动集政府采购、财政融资等全方位的环境污染第三方治理产业投资基金体系建设，对提高我国环境污染治理水平具有十分重要的意义。④

（2）关于环境财政投资。詹蕾（2015）以农业为切入点，以湖南省财政支农投入及环保效应为研究对象，认为财政支农投入是加大生态保护建设力度的基本前提。⑤ 王茜（2015）认为我国经济发展水平虽然有了巨大提高，但也给环境带来了巨大的压力，尤其是一些乡镇地区，环境污染问题更加突出。财政支出对乡镇环境污染治理有重要影响，研究财政支出在乡镇环境污染治理中的作用具有重要的现实意义。⑥ 赵美丽、吴强（2014）认为当前环境财政支出呈现出规模不断扩大的特点，但是从彻底提高基本环保质量的角度来看，还存在着很大的提升空间。因此，政府应该从政策上对财政投资等几个方面加以完善。⑦ 卢洪友、田丹（2014）认为，财政支出对环境质量的影响可以区分为“直接效应”和“间接效应”，前者表示财政支出直接影响环境质量，而后者表示财政支出通过影响经济增长水平进而影响环境质量。通过对我国30个省份1998～2010年

---

① 张灼、丁琼清、王跃辉：《把建设资源节约型、环境友好型社会放在政府绿色采购的突出位置》，载于《中国政府采购》2011年第12期。

② 子非：《政府采购步入绿色环保时代：环境标志产品优先》，载于《中国招标》2006年第12期。

③ 王秀珍、宿海颖、何友均等：《主要发达国家林产品绿色采购政策影响评估与借鉴》，载于《林业经济》2011年第11期。

④ 刘卫平：《我国环境污染第三方治理产业投资基金建设路径探讨》，载于《环境保护》2014年第10期。

⑤ 詹蕾：《财政支农投入对湖南农业生态环境的影响研究》，载于《改革与开放》2015年第3期。

⑥ 王茜：《浅析财政对乡镇环境污染治理的作用》，载于《经济管理者》2015年第6期。

⑦ 赵美丽、吴强：《促进环境保护的财政支出政策》，载于《环境与发展》2014年第1期。

的面板数据进行分析，其结果表明相对于直接效应而言，间接影响效应更为显著。[①] 关海玲、张鹏（2013）从公共产品供给视角分析了财政支出对环境污染的影响，并通过实证研究认为财政支出的上升能够显著降低污染排放。[②]

（3）关于环境税问题。李嘉昕（2015）通过对我国现有环境税相关立法的分析，结合我国当前环境的状况，并借鉴国外环境税立法的成功经验，提出我国环境税制度设计建议。[③] 王慧（2015）认为环境税具有累退性，容易给低收入群体和家庭带来负面影响，从而违背税法的分配正义原则。为了确保成功制定环境税，基于分配正义立场与产业竞争目标，各国针对环境税纳税主体采取环境税税后免除制度和实施必要的税收免除制度。[④] 李金荣（2015）认为，环保税收政策分散于现有的税收体系中，其发挥的调控作用有限，因此，他结合我国现实情况，并借鉴发达国家开征环境税的先进经验，针对性地对我国开征环境税提出相关建议。[⑤] 尹磊（2014）以生态文明建设为切入点，探讨了我国环境税制度构建的相关环节以及环境税与其他政策的协调配合。[⑥] 程黎（2013）分析了环境税成为地方主体税种的可能性。并认为营业税将不再是地方主体税种，而环境税很可能成为地方主体税种之一。[⑦] 付慧姝（2012）认为，在环境税方案的设计中，其课税的目标是体现税收公平、实现税收效率，而污染者负担原则是构建环境税制度、界定纳税主体范围的重要基础。[⑧] 邢斐、何欢浪（2011）分析了合理征收环境税对我国发展绿色国际贸易的意义。[⑨] 杨志勇、何代欣（2011）分析了环境税与公共政策的关系，指出环境税的开征要与“减税”政策相配合，与环境专项支出相协调，才能更好地实现公共

---

① 卢洪友、田丹：《中国财政支出对环境质量影响的实证分析》，载于《中国地质大学学报（自然科学版）》2014 年第 7 期。

② 关海玲、张鹏：《财政支出、公共产品供给与环境污染》，载于《工业技术经济》2013 年第 10 期。

③ 李嘉昕：《关于开征我国环境税立法之新思考》，载于《资源与产业》2015 年第 5 期。

④ 王慧：《分配正义、产业竞争与环境税的制定》，载于《中国政法大学学报》2015 年第 3 期。

⑤ 李金荣：《我国开征环境税的紧迫性及对策建议》，载于《价格理论与实践》2015 年第 2 期。

⑥ 尹磊：《环境税制度构建的理论依据与政策取向》，载于《税务研究》2014 年第 6 期。

⑦ 程黎、刘刚：《“十二五”时期环境税成为地方主体税种的可能性》，载于《宏观经济研究》2013 年第 1 期。

⑧ 付慧姝：《论我国环境税立法的基本原则》，载于《江西社会科学》2012 年第 4 期。

⑨ 邢斐、何欢浪：《贸易自由化、纵向关联市场与战略性环境政策——环境税对发展绿色贸易的意义》，载于《经济研究》2011 年第 5 期。

政策目标。[①]

（4）关于环境财政补贴。顾洋（2014）认为试图构建理论模型以探寻一套兼具改善本国社会福利和有效保护国内企业市场竞争力的绿色贸易政策组合工具。[②] 田嫄（2014）以沪市5个重污染行业的A股公司为研究对象，从如何使上市公司主动披露其环境信息和政府如何促进企业履行其环保义务出发，研究政府环境财政补贴对环境信息披露水平的影响。[③] 杨仕辉、王麟凤（2015）认为，由于市场机制的特殊作用会导致企业的环境研发水平低效率，因此，政府可以通过补贴引导企业环境研发。同时，通过构建模型、数理推导与数值模拟，可以对最优环境研发补贴政策进行分析。[④]

（5）关于环境与财政分权问题。谭志雄、张阳阳（2015）通过实证分析研究发现财政分权与环境污染排放呈负相关。财政分权度高的东部地区一方面拥有充足的环境治理资金；另一方面向中西部转移大部分污染产业，从而可以有效控制并减少环境污染。与此同时，财政分权度较低的中西地区由于财政资金相对匮乏，一方面承接产业转移以发展经济；另一方面又要承担高负荷的环境污染治理成本，从而导致经济发展的目标难以实现。[⑤] 陈宝东、邓晓兰（2015）以我国长三角地区26个城市2003～2012年的数据为研究样本，分析了城市层面财政分权与环境污染的关系，指出财政分权的提高会增加污染物的排放其根本原因是官员考核机制存在缺陷。[⑥] 刘建民、王蓓、陈霞（2015）以2003～2012年的272个地级市面板数据建立模型，分析了财政分权与环境污染的相互关系，指出财政分权对环境污染的影响效应存在显著的非线性的特点。他们同时指出，根据我国国情，改变地方政府绩效考核机制等措施是当前改善我国环境现状的重要途径。[⑦] 吴顺恩（2014）指出，一方面财政分权度的提高加重了环境负担；另一方面，地方政府追求经济增长加深了财政分权对环境质量的负面

① 杨志勇、何代欣：《公共政策视角下的环境税》，载于《税务研究》2011年第7期。

② 顾洋：《环境规制、绿色研发补贴与战略性绿色贸易政策》，浙江大学2014年硕士论文。

③ 田嫄：《环境补贴与企业环境信息披露》，载于《会计师》2014年第1期。

④ 杨仕辉、王麟凤：《最优环境研发补贴及技术溢出的效应分析》，载于《经济与管理评论》2015年第5期。

⑤ 谭志雄、张阳阳：《财政分权与环境污染关系实证研究》，载于《中国人口、资源与环境》2015年第4期。

⑥ 陈宝东、邓晓兰：《财政侵权是否恶化了城市环境质量——基于长三角地区26个城市的经验数据》，载于《经济体制改革》2015年第5期。

⑦ 刘建民、王蓓、陈霞：《财政分权对环境污染的非线性效应研究——基于中国272个地级市面板数据的PSTR模型分析》，载于《经济学动态》2015年第3期。

影响，同时，财政分权度对环境污染程度的影响也存在一定的区域差异。[①] 张玉、李齐云（2014）利用2003～2010年我国30个省份的面板数据建立模型，通过分析指出，地方政府环境治理效率较低，且地区之间差异较大同时提高地方政府环境财政支出的技术效率，建立经济—环境福利共享的收入增长机制等对策建议。[②] 黄万华、白永亮（2013）在相关研究的基础上，探讨财政分权影响区域环境质量机理的路径与制度成因。他们指出，在社会转型期，地方政府间财权与环保支出责任不对称等因素是导致财政分权影响区域环境质量的主要原因，并依据这些原因提出了相关建议。[③]

2. 关于资源财政政策的研究

（1）关于资源补贴的研究。蒋为、张龙鹏（2015）认为，资源税补贴所造成的扭曲在行业内企业间的补贴差异程度上也有表现，这是造成中国制造业资源误置的重要原因之一。[④] 刘滨、康小兰通过对江西省农户的调查，分析当前农业补贴政策下不同资源禀赋农户种粮决策行为，提出农业补贴政策、经营决策能力等是影响农民种粮的主要因素。[⑤][⑥] 白龙（2013）认为，可以通过在修订的SCM协议中明确消除禁止性渔业补贴，从而对鱼类贸易进行管制，以实现对渔业资源的可持续利用。[⑦] 刘伟、李虹（2012）认为，各国长期的改革实践及相关理论研究表明，化石能源财政补贴改革在提高能源利用效率的同时，也会对经济、社会产生一系列的负面影响。这些影响成为了各国制定化石能源财政补贴改革政策的重要前提。[⑧]

（2）关于资源税的研究。张咏梅、穆文娟（2015）认为，煤炭企业

---

① 吴顺恩：《我国财政分权体制下的环境污染问题研究》，载于《生态经济》2014年第12期。

② 张玉、李齐云：《财政侵权、公众认知与地方环境治理效率》，载于《经济问题》2014年第3期。

③ 黄万华、白永亮：《财政分析影响区域环境质量机理的制度分析》，载于《统计与决策》2013年第12期。

④ 蒋为、张龙鹏：《补贴差异化的资源误置效应——基于生产率分布视角》，载于《中国工业经济》2015年第2期。

⑤ 刘滨、康小兰等：《农业补贴政策对不同资源禀赋农户种粮决策行为影响机理研究——以江西省为例》，载于《中国农学通报》2014年第7期。

⑥ 金硕仁：《切实保护好耕地资源　落实好农业补贴政策》，载于《中国人大》2013年第2期。

⑦ 白龙：《海洋渔业资源的可持续利用与贸易法的冲突——以渔业补贴为中心》，载于《农业世界》2013年第4期。

⑧ 刘伟、李虹：《能源补贴与环境资源利用效率的相互关系——化石能源补贴改革理论研究的考察》，载于《经济学动态》2012年第2期。

资源税改革不仅仅会产生宏观效应，同时也会产生一定的微观效应。作为资源税纳税人，改革将直接影响煤炭企业税负。[①] 林雪儿（2015）以科学发展观为指导，通过对我国现行资源税制进行研究，通过现状分析、比较分析和借鉴分析，有针对性地提出对我国资源税改革的对策及建议。[②] 顾楠（2015）认为，资源税“从价计征”改革能真实反映稀土、钨、钼等相关资源的市场价值，同时，在征收标准和幅度提高以后，也进一步增加了政策对资源领域调控弹性。[③] 高佳琦（2015）通过采用定性与定量方式，分析资源税改革对新疆资源型企业、消费者、税收收入、区域经济以及资源产品出口等方面的影响，为优化资源税制改革提出了对策建议。[④] 杨鹍、付京亚（2015）通过构建模型对我国从价计征的资源税环境效应进行实证分析，指出：相比从量计征方式，资源税在从价计征方式下有效地遏制了资源开采快速增长的势头，但从总体上看，资源税的环境效应还没有得到充分发挥，应通过适度提高税率、扩大从价计征范围、设置浮动和差别税率等措施来完善我国资源税税制。[⑤] 张琴（2015）从内外两个角度分析了资源税变革的原因，同时指出资源税改革关系到我国经济结构的转型以及经济发展的可持续性。[⑥] 孙伟（2014）通过对2000～2010年的省级面板数据进行实证分析，指出科技创新支出与二氧化硫排放量成反相关关系，资源税与二氧化硫排放量成正相关关系。[⑦] 孔凡涛、刘雅文（2014）认为，作为依赖资源的行业，资源税改革将使石化行业资源利用成本上升，从而通过市场调节可以实现行业内优胜劣汰、去粗存精。[⑧] 杨建、彭曦（2013）认为，资源税改革实施后通常会有三方面的影响：一是能够通过征收级差资源税这一特点，调节企业收入，从而实现分配的合理性；二是通过资源税征收从而增加西部省份财政收入，使其有动力去发展能源产业；三是通过资源税的征收提高人们的环境保护意识，从而促使其节约使

---

① 张咏梅、穆文娟：《煤炭企业资源税改革效应分析及政策建议》，载于《财会月刊》2015年第3期。

② 林雪儿：《科学发展观下的资源税改革研究》，载于《中国集体经济》2015年第8期。

③ 顾楠：《充分发挥资源税的调节作用》，载于《中国有色金属》2015年第7期。

④ 高佳琦：《新疆资源税改革经济效应分析》，载于《合作经济科技》2015年第7期。

⑤ 杨鹍、付京亚：《我国资源税从价计征改革的环境效应分析》，载于《价格理论与实践》2015年第6期。

⑥ 张咏梅、穆文娟：《煤炭企业资源税改革效应分析及政策建议》，载于《财会月刊》2015年第3期。

⑦ 孙伟：《我国资源税之环保效应实证研究》，载于《生产力研究》2014年第12期。

⑧ 孔凡涛、刘雅文：《资源税改革助产业扶优汰劣》，载于《化工管理》2014年第1期。

用资源。①

3. 关于生态文明及相关财政政策的研究

（1）关于生态文明财政政策的研究。苏明（2015）认为，当前及今后中长期，生态文明建设的推进，资源、环境、生态及应对气候变化的难题的破解，绿色循环低碳发展的真正促进，离不开创新制度、完善政策。而财政政策在生态文明领域的引导作用，其功能具体体现在激励和约束能源替代与发展新能源、节约能源以及生态环保等几个方面。② 史丹、吴仲斌（2015）认为，中央财政生态文明建设转移支付通常情况下，主要包括对地方一般转移支付、农林水事务专项转移支付、节能环保专项转移支付等几个方面。近年来，这几个方面的中央转移支付都逐年大幅度增长，但也存在一定的问题。如没有充分体现“主体功能区”理念、项目过多过细，专项转移支付资金投入总量少，地方对中央专项转移支付高度依赖，纵向转移支付多、横向转移支付少，一般性转移支付少、专项转移支付多等诸多问题。因此，需要合理划分中央地方生态环保财权与事权相关责任、科学测算生态环境领域财政支出的实际需求、在转移支付制度设计中引入“区域”和“块块”概念，在分“区域”的类型来设计中央财政转移支付制度。③ 连家明、王丹（2014）认为，以辽宁省为例，系统回顾了该省支持生态文明建设财政政策的实施情况，同时结合省内垃圾及污水处理运营机制的构建，通过客观的评价和系统的梳理，提出优化政府相关决策的思路和建议。④ 亚洲开发银行（2013）在一份国别环境报告中指出中国的政策制定者为实现生态文明建设的宏伟目标应该采取全面的财政、经济和法律措施，该报告重点分析了“绿色”税收和财政改革的相关内容。⑤ 唐金倍（2013）分析了财政支出对建设福建生态文明的影响，提出要通过财政支持生态环境的长效机制促进生态文明的发展。⑥

（2）关于生态文明相关财政政策的研究。

---

① 杨建、彭曦：《资源税改革对西部地区经济发展的影响研究》，载于《云南社会科学》2013 年第 9 期。

② 苏明：《如何运用财政政策促进生态文明建设》，载于《环境经济》2015 年第 3 期。

③ 史丹、吴仲斌：《支持生态文明建设中央财政转移支付问题研究》，载于《地方财政研究》2015 年第 3 期。

④ 连家明、史丹：《支持辽宁生态文明建设财政政策研究》，载于《经济研究参考》2014 年第 8 期。

⑤ 亚洲开发银行：《为建设生态文明　中国需要“绿色”税收和财政财政改革》，载于《国际融资》2013 年第 2 期。

⑥ 唐金倍：《财政给力生态文明　努力建设美丽福建》，载于《中国财政》2013 年第 7 期。

①关于循环经济财政政策。窦德强、马军（2015）认为，从甘肃省发展循环经济的视角出发，在分析财政政策对该省循环经济支持的现状及存在问题的基础之上，提出了促进甘肃循环经济发展的优化路径。[①] 戴正宗（2014）认为，欧盟各成员国目前普遍采用开征环境税、绿色税收转移、加大各国预算环保投入、逐步淘汰对环境保护有害的财政补贴项目以及加强企业会计信息披露等措施，循环经济产业的发展离不开财政政策的支持。[②] 彭孙琥（2013）从财政性金融政策支持对循环型社会构建的效率着眼，介绍了我国目前政策性金融支持现状，同时使用 DEA 模型以政府的投资为投入指标，循环经济的产出为产出指标，对整个华东地区循环经济进行效率评价。[③] 李正旺（2012）以德国为例，总结了支出性财政政策及收入性财政政策对德国循环经济发展的促进作用，并在此基础上提出其对我国促进循环经济发展的财政政策的借鉴及启示。[④] 程瑜（2009）指出，为了确保国家在环境保护问题上的宏观调控力度，可以在财政预算科目中单列环保支出项目，并在此之下具体分列老工业企业污染治理投资、新建项目防治污染的投资等诸多相关项目，并通过立法，规定其支出额度与增长幅度。[⑤] 林加冲、王卫（2009）认为，现行税收政策对再生资源的影响主要包括以下几个方面：一是市场萎缩，行业萧条；二是行业税负增加，税负程序复杂烦琐；三是国内原料市场沉寂，国际钢材市场份额下降；四是裁员收缩行业面临调整抉择；五是国内市场流通仍受诸多限制。[⑥] 周生军等（2007）认为，现行增值税应该更加高效、简便，为循环经济的发展提供公平竞争的环境。具体措施如下：一是尽快推行消费型增值税；二是逐步扩大增值税征收范围；三是适当调整增值税税率；四是分步实施增值税转型[⑦]。昌忠泽（2006）从环境税具有“双赢效应”的角度出发，提出中国环境税制度设计应该考虑以下几个方面：一是明确环境税设计的最低

① 窦德强、马军等：《财政政策支持甘肃省循环经济发展中存在的问题及对策研究》，载于《经济研究导刊》2015 年第 7 期。

② 戴正宗编译：《欧盟：循环经济产业发展离不开财政工具》，载于《中国财经报》2014 年 5 月 27 日。

③ 彭孙琥：《财政性金融视角下华东地区循环经济效率评价》，载于《中国商贸》2013 年第 9 期。

④ 李正旺：《浅谈德国促进循环经济发展的财政政策的经验》，载于《企业导报》2012 年第 9 期。

⑤ 程瑜：《促进循环经济发展的财政政策研究》，载于《地方财政政策研究》2009 年第 8 期。

⑥ 林加冲、王卫：《新税收政策对再生资源行业的影响及调整建议》，载于《再生资源与循环经济》2009 年第 6 期。

⑦ 周生军：《促进循环经济发展的财税政策研究》，东北财经大学博士论文，2007 年。

目标是改善环境质量，实现环境税的环境改善效应；二是环境税的制度设计应体现公平和效率兼顾的原则；三是应特别注重和加强环境税的国际协调。[①] 付广军（2005）认为，我国当前的税收优惠包括低税率、即征即返、现征现返、减半征收、高抵扣率、免征、免税、投资抵免等方面。[②]

②关于低碳经济的财政政策。布林泽帝等比较梳理了各国实施碳税的实践。碳税本质上是一种碳减排的激励机制，但在实践中各国做法不一。各国的碳税税率的差异是国际协调碳税的一个主要障碍。如有的国家为了筹集资金，对需求弹性很小的产品征收很高的碳税；有些国家对煤炭等能源产品的碳税税率很低，有些国家还实行补贴。[③] 那卡他等研究认为，能源税和碳税的合理配合不仅可以降低碳排放水平，而且具有促使能源替代（即由煤到天然气）的作用。[④] 布鲁沃等研究发现，挪威的碳税实施效果并不尽如人意。从客观上看，虽然在 1990 ~ 1999 年挪威单位国内生产总值的碳排放量下降了近 12 个百分点，但是上述十年经济数据测算却显示了另一个结果，即征收碳税对碳减排的贡献只有 2.3%。[⑤] 丁丁、周冏（2009）讨论了我国低碳经济发展模式的具体实现途径。应从我国的地理条件、资源禀赋、能源结构和环境特点出发，通过优化能源结构、提升能源效率、挖掘碳汇能力和融入国际减排事业等四条具体途径发展低碳经济。[⑥] 李胜等（2009）认为发展低碳经济是一个系统的创新工程，需要统筹推进六个方面的创新。具体包括：第一，推进国家能源政策创新，大力开发清洁能源；第二，推进经济政策创新，制定实施与低碳经济相配套的产业、金融和财政政策；第三，推进社会政策创新，有效引导和鼓励公民参与低碳社会建设；第四，推进消费政策创新，形成由低碳消费到低碳生产的倒逼机制；第五，推进科技和人才政策创新，发展低碳技术，培育低

① 昌忠泽：《开放经济条件下中国财政金融政策面临的挑战》，载于《当代经济科学》2007 年第 11 期。

② 付广军：《退耕还林（草）与防沙治沙税收政策研究》，载于《税收研究》2005 年第 6 期。

③ Andrea Baranzini, JoséGoldemberg, Stefan Speck. A future for carbon taxes [J]. Ecological Economics, 2009, (32): 395 – 412.

④ Toshihiko Nakata, Alan Lamont. Analysis of the impacts of carbon taxes on energy systems in Japan [J]. Energy Policy, 2001, (29): 159 – 166.

⑤ Annegrete Bruvoll, Bodil Merethe Larsen. Greenhouse gas emissions in Norway: do carbon taxes work? [J]. Energy Policy, 2004, (32): 493 – 505.

⑥ 丁丁、周冏：《我国低碳经济发展模式的实现途径和政策建议》，载于《环境保护和循环经济》2008 年第 3 期。

碳专业人才；第六，推进文化政策创新，在全社会营造生态文化。[①] 潘家华、陈迎（2009）倡导建立碳预算约束。地球周围的大气具有明显的全球公共物品属性和关乎全人类的利益，如果不采取在国际范围内具有约束力的减排措施，“公共地悲剧”将难以避免，人类的生存发展将岌岌可危。在提供节能减排的约束力方面，具有刚性特征碳预算可以发挥作用。[②] 任力（2009）对低碳经济的发展路径进行了梳理和归纳，提出了建立碳基金、加强对低碳技术研发的扶持力度、加快低碳经济立法进程、构建低碳金融市场、制定促进节能减排的财税政策、加强低碳领域国际合作等一系列具有可操作性的政策建议。[③] 任奔、凌芳（2009）强调由于低碳经济具有明显的公共产品属性和较强的正外部性，政府应肩负公共财政支持低碳经济发展的重任。西方发达国家在法律制度建设、公共财政政策、产业政策制定等方面实施了一系列激励性与约束性兼备的举措，推动了低碳经济的快速发展。[④] 张秋明（2005）梳理了英国的生物能源战略。生物燃料和氢被英国政府视为具有战略意义的、用于将来低碳运输的燃料。英国通过国家立法、财政补贴、税收减免等措施鼓励生物燃料的发展。[⑤] 周永新（2015）认为，我国当前制度对低碳经济发展存在着不利影响，财政政策对其有着纠偏作用。[⑥] 李阳（2015）认为，通过合理实施财政政策来刺激低碳经济发展，不仅仅有利于引导企业低碳的发展，而且会最终构建与低碳经济发展所适应的各项政策制度。[⑦] 石泓、张跃东（2015）以黑龙江省低碳农业公共财政支出效率作为研究对象，运用 DEA 模型，以 2008 ~ 2012 年作为决策单元，选取农业总产值和农机操作的碳排放作为产出指标，化肥用量、农业劳动从业人数、农业补贴支出、农机总动力和农业科技支出作为投入指标，评价投入产出配比的技术效率，从而找出各决策单元产出既定下的投入最优规模和改善措施。[⑧] 张果（2014）认为，通过选

---

① 李胜、陈晓春：《低碳经济：内涵体系与政策创新》，载于《科技管理研究》2009 年第 10 期。

② 潘家华、陈迎：《载于碳预算方案：一个公平、可持续的国际气候制度框架》，载于《中国社会科学》2009 年第 5 期。

③ 任力：《低碳经济与中国经济可持续发展》，载于《社会科学家》2009 年 2 期。

④ 任奔、凌芳，《国际低碳经济发展经验与启示》，载于《上海节能》2009 年第 4 期。

⑤ 张秋明：《英国政府的公路运输生物燃料战略》，载于《国土资源情报》2005 年第 9 期。

⑥ 周永新：《我国发展低碳经济的制度振动及财政政策纠偏》，载于《改革与战略》2015 年第 7 期。

⑦ 李阳：《支持低碳经济发展的财政政策选择》，载于《经济纵横》2015 年第 2 期。

⑧ 石泓、张跃东等：《基于 DEA 的公共财政支持低碳农业发展效率评价——以黑龙江省为例》，载于《中国农学通报》2015 年第 8 期。

取低碳技术创新的六个相关关键因素进行分析，检验了财政补贴对企业低碳技术领域投入与产出的影响。① 刘卓、王蕊在分析低碳经济特性的基础上，以经济学相关基础理论为指导，同时针对我国发展低碳经济的现状，提出了财政政策的相关对策建议。②

③关于新能源财政政策。范云轩（2015）认为，税收优惠政策在技术创新方面推动了新能源企业的技术创新，明显表现出对企业专利产出的激励作用。与之相反，财政资金补贴则存在研发效率低下的问题，并未明显表现出对技术创新促进效果。③ 王丽青（2015）分析了财政支出对新能源汽车产业发展的乘数效应。④ 郭少蓉（2014）以新能源车为研究对象，从销售价格、产品性能和消费支出三个维度入手，通过模型分析，剖析了新技术冲击下的汽车产业演化过程以及财政金融政策对新能源车企业的扶持效应。⑤ 彭羽（2013）指出，政府在新能源产业发展的过程中扮演着十分关键的角色，充分发挥政府尤其是财政在新能源产业发展中的引导和促进作用意义重大而深远。⑥ 熊冬洋（2013）分析了影响农村新能源产业发展的财政支出政策因素，同时提出了促进农村新能源发展的财政政策对策建议。⑦ 门丹（2013）阐述了美国近年来新能源的政策演进过程，并在此基础之上，探讨美国新能源的财政支出的基本状况和变化趋势，为财政政策促进我国新能源产业的发展提供启示与借鉴。⑧ 王雄分析了内蒙古新能源产业发展的现状及存在的问题，并提出了财政政策促进内蒙古新能源产业发展的对策建议。⑨ 于国安（2010）指出，各级财政部门要把支持新能源发展作为促进科学发展的重要抓手，有效发挥财政资金的导向作用。⑩

---

① 张果：《财政补贴对仰面技术投入的影响效应》，载于《山东工商学院学院》2014 年第 2 期。

② 刘卓、王蕊：《我国发展低碳经济的经济分析及财政政策选择》，载于《科协论坛》2012 年第 2 期。

③ 范云轩：《财政支持、技术创新与新能源产业发展绩效研究》，载于《扬州职业大学学报》2015 年第 6 期。

④ 王丽青：《浅析财政支出对新能源汽车产业发展的乘数效应》，载于《金融经济》2015 年第 5 期。

⑤ 郭少蓉：《发展新能源汽车产业的财政金融扶持政策》，大连理工大学硕士论文，2014 年。

⑥ 彭羽：《推动我国新能源发展的财政政策研究》，载于《中国乡镇企业会计》2013 年第 12 期。

⑦ 熊冬洋：《促进农村新能源发展的财政支出政策研究》，载于《内蒙古科技与经济》2013 年第 12 期。

⑧ 门丹：《美国推进新能源发展的财政支出政策研究》，载于《生态经济》2013 年第 4 期。

⑨ 王雄：《促进内蒙古新能源产业发展的财政政策研究》，载于《北方经济》2011 年第 6 期。

⑩ 于国安：《发挥财政导向作用　支持新能源发展和节能减排》，载于《中国财政》2010 年第 5 期。

4. 评述

（1）国内外研究取得的成果。

①揭示了促进生态文明发展的政策的实践基础。已有文献对促进生态文明发展的实践基础的研究主要从两个方面入手：一是关于环境的财政政策；二是关于资源的财政政策。也有研究者认为促进生态修复的财政政策也是生态文明发展的题中应有之义。但总体来看，促进生态修复的政策可以包含在环境财政政策之内，是其中的一部分。

②阐明了促进生态文明发展的财政政策的基础理论。已有文献对促进生态文明发展的财政政策的基础理论研究主要从循环经济、低碳经济、新能源经济等多个方面。已有文献认为，生态文明的发展是一个过程，不同的历史阶段以不同的角度提出生态文明的相关概念，实际上为生态文明的理论发展奠定了良好的基础。

③初步介绍了促进生态文明发展的财政政策。目前，已有文献中专门关于生态文明发展的还比较少，而且也仅仅停留在基础层次，尤其是以地方生态文明领域以及某一财政政策研究居多。

（2）国内外研究的空白。

①没有阐明财政政策促进生态文明发展的理论基础。已有文献大多以市场失灵理论作为促进生态文明发展的财政政策的理论基础，整个研究呈现出单一化、细节化、局部化的特点，没有一个完整的理论体系作为支撑。

②没有阐明财政政策促进生态文明发展的着力点。作为促进生态文明发展的财政政策的实践基础，有着环境和资源两种不同的导向。已有文献的研究并没有理清两者的关系，导致没有找准财政政策促进生态文明的着力点，从而使财政政策促进生态文明发展的运行机理并不完善。

③加强我国生态文明发展的财政政策的优化路径不够系统、深入。对于目前加强我国生态文明发展的财政政策优化路径的研究，尽管不少学者提出了一些有建设性的意见或建议，但大多只是就某一方面阐述，没有系统分析，或者解决问题的方法仅仅停留在表层，不够深入。

三、研究的内容、路径与方法

（一）研究内容

1. 促进生态文明发展的财政政策的理论基础

作为促进生态文明发展的财政政策，有三种不同的理论来源。一是市场失灵理论，这种理论将政府介入生态文明领域看成市场经济的补充，将财政政策介入生态文明领域作为政府介入生态文明领域的工具之一。二是经济发展阶段论，这一理论将财政政策促进生态文明看成历史发展之必然，是社会发展到一定阶段的产物。三是财政分权理论。这一理论从中央与地方的关系角度入手，阐述不同层级的政府在财政政策上如何处理生态文明问题。

2. 促进生态文明发展的财政政策的运行机理

一般来讲，财政政策介入生态文明有两种不同的导向：一种是资源导向型；另一种是环境导向型。前者的理论基础来自于古典经济学与新古典经济学，后者则大多来自于美、日、欧自 20 世纪中叶以来的实践过程。通过分析可以得到，环境保护相对而言更适合成为财政政策促进生态文明发展的着力点。

3. 我国促进生态文明发展的财政政策现状分析

这部分主要是对我国促进生态文明发展的财政政策历史、现状及问题进行阐述，是对我国促进生态文明发展的财政政策体系进行整理、归类，为进一步分析奠定基础。

4. 促进生态文明发展的财政政策的效应分析

促进生态文明发展的财政政策分为两个部分：一是促进生态文明发展的支出性财政政策；二是促进生态文明发展的收入性财政政策，具体包括政府采购、财政补贴、财政资金投入、转移支付、税收、收费、发行公债、发行环保彩票等方面。本书结合不同财政政策的特点对其进行效应分析。

5. 国外促进生态文明发展的财政政策的经验与借鉴

本书以美国、日本、欧盟为代表，首先，重点阐述了上述三个国家和地区促进生态文明发展的财政政策的经验。其次，简单介绍了其他国家促进生态文明发展的财政政策的经验。最后，对国外财政政策促进生态文明发展的经验进行整体分析，为促进我国生态文明发展的财政政策提出建议。

6. 促进生态文明发展的财政政策的路径选择

现阶段我国促进生态文明发展的财政政策状况如何，有哪些成功的经验与存在的问题，应该从哪些角度进行优化，这些问题的解决使本书对促进生态文明发展的财政政策的研究上升到实践层面，具有一定现实意义。

（二）研究路径

研究路径如图 1－1 所示。

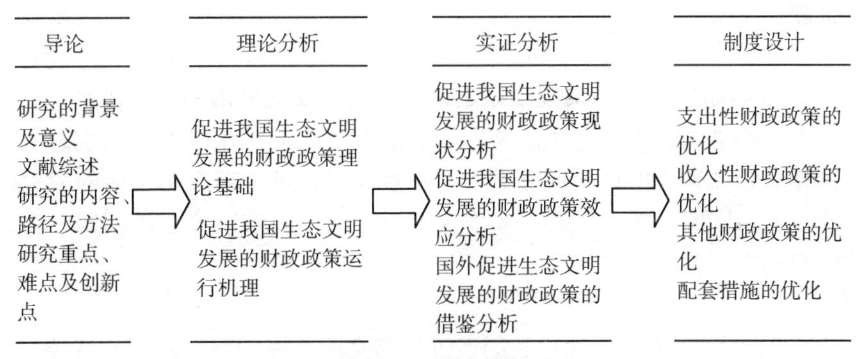

图 1－1　研究路径

（三）研究方法

1. 系统分析法

用该法厘清理论分析、阐释现状分析、归纳借鉴分析、提出路径分析，形成促进生态文明发展的财政政策体系。

2. 比较分析法

用该法阐述美、日、欧等不同国家和地区促进生态文明发展的财政政策，为我国促进生态文明发展的政策提供借鉴与参考。

3. 文献分析法

通过文献分析对生态文明的理论基础和财政政策促进生态文明发展的类型进行归纳，并指出当前理论研究的空白，为进一步研究奠定基础。

四、研究的重点、难点与创新点

（一）研究的重点

1. 理论研究重点：厘清财政政策促进生态文明发展的运行机理

本书从对生态文明与财政政策的关系入手，在关系研究的基础上，分别以环境保护与资源节约作为出发点，通过分析提出财政政策促进生态文明发展的着力点在于环境保护，从而厘清财政政策促进生态文明发展的运行机理。

2. 实践研究重点：梳理我国当前促进生态文明发展的财政政策

本书归纳了我国促进生态文明发展的财政政策，在回顾我们生态文明及其相关领域建设的历史的基础上，阐述我国促进生态文明发展的财政政策的现实，同时分析我国促进生态文明发展的财政政策存在的问题，为对策研究奠定了基础。

3. 政策研究重点：优化我国促进生态文明发展的财政政策的路径

本书在理论分析、现状分析、借鉴分析的基础上，从支出性财政政策、收入性财政政策、其他财政政策、相对配套措施等不同角度提出了我国促进生态文明发展的财政政策的优化路径。

（二）研究难点

1. 促进生态文明发展的财政政策的运行机理

要研究加强我国生态文明发展的财政政策，首先要研究促进生态文明发展的财政政策的运行机理，这是研究促进生态文明发展的核心线索。研究促进生态文明发展的财政政策的运行机理，分为两个步骤：一是从生态文明的双重导向性出发，阐述生态文明的目标，即资源节约与环境保护；二是从财政政策作用生态文明的途径入手，研究两种目标导向的利弊，确立环境保护作为财政政策促进生态文明发展的导向。

2. 促进生态文明发展的财政政策的路径选择

要研究促进我国生态文明发展的财政政策，最终要研究我国促进生态文明发展的路径选择，这是研究促进生态文明发展的落脚点，也是全文的最核心内容。

（三）研究创新点

1. 奠定了财政政策促进生态文明发展的理论基础

本书从市场失灵理论、经济发展阶段论、财政分权理论入手，从源头上、时间上、层次上阐述各种理论对生态文明发展的影响，并从财政政策的角度进一步分析，从而构建了财政政策促进生态文明发展的理论体系。

2. 厘清了财政政策促进生态文明发展的运行机理

以资源型导向与环境型导向的两种不同生态文明发展为出发点，通过分析将财政政策促进生态文明发展的着力点落在建立以环境保护为目标导向的促进生态文明发展的财政政策上，从而厘清了促进生态文明发展的财政政策的运行机理。

3. 分析了促进生态文明发展的财政政策的不同效应

本书以促进生态文明发展的财政政策的实现途径为基础，从促进生态文明发展的支出性财政政策、收入性财政政策两个角度入手，从宏观、微观，收入、替代，政治、经济、文化、社会等不同的角度分析了促进生态文明发展的财政政策效应分析。

4. 提出了我国促进生态文明发展的优化路径

本书最后将理论分析转入实践层面，对我国促进生态文明发展的财政政策优化路径进行分析，从支出性财政政策、收入性财政政策、其他财政政策、相对配套措施等不同角度提出了我国促进生态文明发展的财政政策的优化路径。

第二章

促进生态文明发展的财政政策基础理论

第一节 生态文明的概念界定

什么是生态文明？不同学者给出了不同的定义。

李明华等的《人在原野——当代生态文明观》中指出，生态文明是在工业文明发展的基础上，对农业文明和工业文明的扬弃。他指出："所谓生态文明，是指人类在改造客观世界的同时，又主动保护自然生态，积极改善和优化人与自然的关系，所取得的物质、精神和生态成果的总和。"①

俞可平指出，"生态文明就是人类在改造自然以造福自身的过程中为实现人与自然之间的和谐所做的全部努力和所取得的全部成果，它表征着人与自然相互关系的进步状态。"②

小约翰·柯布没有对生态文明进行定义，但指出，人类文明的模式特别是工业革命以来一直是同自然相疏离的，因此造成了严重的生态危机。要解决这一危机，就要"恢复一种合乎生态的生存方式"。他认为，生态文明的追求是"合理的、颇有前途的"。③

陈寿朋认为，"生态文明主要包括三个方面的要素：生态意识文明、

① 李明华等：《人在原野——当代生态文明观》，广东人民出版社2003年版，第78页。

② 俞可平：《科学发展观与生态文明》，载于《马克思主义与现实》（双月刊）2005年第4期。

③ 小约翰·柯布：《文明与生态文明》，载于《马克思主义与现实》（双月刊）2007年第6期。

生态法制文明和生态行为文明。”①

余谋昌指出，“生态文明作为人类社会的一种新的社会形态，是人类社会在渔猎文化、农业文明、工业文明之后的新的人类文明，新的社会形态。”② 他认为，生态文明比“三个文明”高一个层次，它的次一级的层次是：制度层次的选择，政治生态文明建设；物质层次的选择，物质生态文明建设；精神层次的选择，精神生态文明建设。

归纳起来，从广义来看，生态文明指的是合理的有前途的文明模式。生态文明是对工业文明的扬弃，但没有否定人类的农业社会、工业社会的文明成果，而是对社会发展模式的变革。从狭义来看，生态文明指的是人类为了解决工业社会所面临的严峻的生态环境问题，在整个人类社会发展的各个层面和诸多进程中，遵循生态系统运转的客观规律，秉承生态的系统的观念，建立生态环境保护制度以及与之相适应的各种社会制度。

本书采用狭义的生态文明概念，将生态文明具体为减量化、废弃物再利用与再循环、废弃物无害化处理、生态修复等具体的内容。

第二节　中国传统文化与生态文明发展

一、中国传统文化中的生态思想

中华文化历史的悠久和丰富深刻，具有强大的包容性、稳定性和继承性，足以包容世界各种先进的思想。中国博大精深的传统文化蕴含着丰富的生态思想，无论是主张人与天合的自然生态观，还是主张尊重自然的生态伦理观等，都对我们建设社会主义生态文明具有重要的借鉴和参考价值。

第一，天人合一的自然观。天人合一的自然生态观是人类与自然为一体的哲学思想。孔子以仁为思想核心。儒家的学者从“天人合一”的观点出发，高扬“天道生生”的哲学，把“己所不欲勿施于人”的原则，推广到人与自然的关系中，成为一种普世伦理的原则。

---

① 陈寿朋：《牢固树立生态文明观念》，载于《北京大学学报》（哲学社会科学版）2008 年 1 月。

② 余谋昌：《生态文明：人类文明的新形态》，载于《长白学刊》2007 年 2 月。

第二，道法自然的生态观。《道德经·道经》第二十五章说：“人法地，地法天，天法道，道法自然”。[①] “道”创造了万物，世界就有了万物，自此“天地与并生，而万物与我为一”。这里所说的“道法自然”并非是自然界的高于道，而是说自然界也是由“道”化生的。所谓的“道法自然”，就是顺其自然，不加以干涉，就是追求“无为而治”。

第三，“众生平等”的生态观。在佛面前，人与人是平等的，人与其他的一切生物都是平等的。佛教正是从万物平等的立场出发，主张善待万物，把“勿杀生”奉为自己的“五戒”之首，显示出了极为强烈的生态温情主义色彩。

二、当前我国经济发展的阶段

纵观我国经济发展，也可以分为这样三个阶段：早期、中期和成熟期。

（一）我国经济发展的早期阶段（1949～1978年）

早期阶段主要指1949～1978年，在这一阶段，中华人民共和国成立之后，我国开启了基础设施和基础产业的建设，国民经济的多个“五年计划”，以湖北省武汉市而言，武汉长江大桥、武汉钢铁公司、武汉重型机床厂、武汉锅炉厂、青山热电厂、武汉肉联厂、武昌造船厂等一大批基础工业和基础产业都是苏联援建的产物。武汉的发展只是我国经济建设当时的一个缩影，全国各地尤其是大中城市的发展基本是沿着这一思路不断进行。虽然这一阶段经历了波折，但依然是当时我国经济发展领域的主流。

（二）我国经济发展的中期阶段（1978～2002年）

1978年，党的十一届三中全会以后，改革开放的春风席卷了神州大地，市场经济的浪潮激荡着社会各界，私人资本开始慢慢地走入人们的生活，“个体户”“下海”“乡镇企业”“家庭联产承包责任制”等新的名词开始走入人们的视野，“造原子弹的赶不上卖茶叶蛋的，拿手术刀的赶不上拿杀猪刀的”等一系列的现象开始冲击着人们的思维。这一阶段的特点是政府投资让位于私人投资，一部分人、一部分地区先富起来。而富起来

---

① 老子：《道德经》，吉林出版集团有限责任公司2015年版。

的结果则是收入差距的显著加大，尤其是城市与农村之间，东部与西部之间，不同行业、产业和部门之间。因此政府的主要职能由基础设施建设，基础产业投资转向缩小收入差距，解决社会矛盾。于是后期，可持续发展、科学发展一度成为时代的主旋律。

（三）我国经济发展的成熟期阶段（2002至今）

2002年，党的十六大以后，随着我国经济发展水平的进一步深化，人均收入也不断提高，由于需求弹性的影响，人们对于教育、医疗、体育、文化、科技、环境、资源等混合产品领域的需求从数量逐步转向质量。以教育为例，一方面是大学扩招的兴起，更多的人有机会受到高等教育；另一方面，私人家教、职业教育地不断发展，使人们有机会独立于课程教育，个性化、终身化学习。随着网络时代的来临，微课、慕课、翻转课堂等在线教育的发展，人们对于教育的理论认知发生了颠覆性的变化。同样的问题也出现在生态领域，使人们不再满足于养家糊口，而希望有更好的生活环境，一方面滨江、滨湖、滨海的住房价格持续高涨；另一方面各类户外活动不断地出现，人们开始选择自然环境优良的地区生活或出行。在这一阶段，政府将更加注重包括生态文明在内的混合产品供给，相应地，财政支出应用于生态领域的比重也会逐步加大。

三、中国传统文化对当前我国生态文明发展的影响

中国传统文化无论是儒家、道家，还是佛家，都主张人与自然的融合，天人合一，即人类社会的规律与自然界的规律应该相统一；“道法自然”，即道等于自然，人与自然之间应该和谐相处；“众生平等”，主张自然界的万物平等，人与自然之间都应该保持平衡。

这些观点，与西方文化中的人与生态对立的思想不同，中国传统文化的生态思想更具有适应性，尤其是在当前环境污染、资源浪费、生态破坏的现实面前，中国传统文化对于生态文明而言更具有指导意义。

第三节 市场失灵理论与生态文明发展

市场经济是人类迄今为止最有效率的经济。然而根据亚当·斯密的理

论以及后世经济学者的总结，这种最有效率的经济是有一定的前提的。具体包括：市场有无数的买者和卖者；生产同质的商品；进入和退出的壁垒是自由的；信息是完全对称的；私人成本与社会成本一致，等等。

然而市场经济并不是完美无缺的，一方面市场本身存在着一定的问题，即在资源配置领域存在着失效的问题，这种问题我们称之为市场失灵，具体包括四点：无法提供公共产品；无法解决外部性的问题；竞争的不充分性即垄断的问题；信息的不充分性及不对称性的问题。另一方面有些问题是市场不能解决的，即收入分配不公平及宏观经济不稳定的问题，这种问题我们称之为市场缺陷。

事实上，生态文明领域也存在着市场失灵的问题，且主要表现在公共产品及其外部性两个方面。

一、公共产品

公共产品指的是无论个人是否愿意购买，都能使整个社会中每一成员获益的物品。而私人产品则恰好相反，指的是那些可以分割并供不同的人消费，同时对他人没有外部收益或外部成本的物品。因此，公共产品具有非竞争性、非排他性以及不可分割性，满足公共需求。与之对应的，私人产品具有竞争性、排他性和可分割性，满足私人需求。根据西方经济学的相关理论，公共产品主要通过政府提供，而私人产品主要通过市场进行资源配置。就生态文明而言，其公共产品的特点主要表现在两个方面：一是全球公共品；二是公共悲剧。

（一）环境领域的全球公共产品特征

当前最迫切的生态文明问题莫过于在环境领域的全球公共品特征了，全球公共产品指的是公共产品的影响不可分割的覆盖到地球的任何一个角落。最典型的例子就是全球气候变暖、防止臭氧的消耗、新产品的发现（如 H_1N_1 疫苗）等行动。解决全球公共产品的最大难题在于无论是市场机制还是政治机制都无法对其进行有效的资源配置。一方面个人没有收益的积极性对其进行生产；另一方面各个国家也无法实现其全球公共产品收益外部成本的内在化。

全球公共产品与私人产品、其他公共产品有着明显不同的特征。就私人产品而言，市场机制可以解决问题。如我国粮食出现欠收，市场会通过资源配置去引导消费者与农民重新建立供需平衡。就其他公共产品而言，政府机制可以完成配置。如小区出行不便，政府会通过公共投资修建基础设施实现出行的通达。而全球公共产品不同，如全球气候变暖这一问题，环境的外部性导致市场配置乏力，而国家间的博弈又导致政府间缺乏合作的积极性，无论是市场参与者还是单一国家都没有积极性去寻找这类问题的解决办法，显而易见，任何个人或国家的投资边际成本都会远远高于全球居民的边际收益。因此，全球公共产品的投资不足是毫无疑问的。

（二）资源领域的公共悲剧特征

就资源而言，有些是私有的，具备私人产权。还有些是公共的，如没有围栏的草场。这样的资源我们称之为公共资源。与公共产品一样，公共资源也没有排他性，即如果需要的话，任何一个人都可以免费使用公共资源。然而，公共资源却具有一定的竞争性，即一个人使用公共资源后，其他人使用的公共资源就减少了。因此，一个新的问题出现了，决策者需要考虑一旦提供了公共资源，它被使用了多少。关于公共资源的问题，最经典的例子就是公共悲剧。

假设有一个小镇，镇上许多人都从事自己的经济生活，其中养羊是最重要的一种经济生活。一开始，羊在小镇的周边草地上吃草，这些周边的草地是公用的，归小镇的居民集体所有，而不归任何一个家庭所有，被称之为镇公地。由于这些草地非常的广阔，所有的小镇居民都可以在这些草地上放牧，每一个放羊的人都可以得到优质的草地资源，且每年消耗的绿草第二年都会生长出来，因此，此时的草地是没有竞争性的。

然而光阴似箭，岁月如梭，小镇的人口飞速增长，羊的数量也不断增加。而土地是固定的，原因具备着自我修复功能的草地开始失去了自我养护功能。最后随着羊的数量进一步增加，以致原来的草地寸草不生。镇公地上没有了草，羊再也不能养了，很多家庭便因此失去了生活的来源。

这种现象是怎样引起的呢？为什么羊的繁殖速度如此之快以致毁坏了整个镇公地？其根本原因在于私人激励与公共激励的不一致。牧羊人的集体行动（如共同减少羊群的数量）可以避免草地被破坏，但就每一个牧羊人而言，减少自己的羊的数量其动力是不足的。

类似于草地的这样的公共资源还是很多的，如清洁的空气、水、海洋，等等。这些公共资源的配置都不是市场能够独自解决的，需要政府的干预。

二、外部性

外部性指的是强加于他人的成本或收益。正是由于这种强加行为，外部性造成了市场规则的扭曲。对于普通的市场交易而言，人们自愿地通过货币来交换商品或劳务，自愿通过生产要素获得收入（如图2－1所示）。如你在超市买一瓶可口可乐，超市得到了可口可乐的全部价值。你去理发时，理发师得到了相应的体力、技能、资本投入及理发店租金的全部价值。而外部性领域则不同。对于一个生产者或者消费者而言，其私人成本与社会成本，私人收益与社会收益存在着不一致性。外部性有正负之分。负的外部性，如远处火车的轰鸣声影响了你和家人正常的休息，它们通常不会因为此而对你和你的家人进行补偿。正的外部性，一个私人企业为了改善职工的生活与工作环境将厂区周边进行了绿化改造，你虽然不是这个企业的员工，但住在厂区周边而为此为益，企业也通常不会为了补偿而向你收费。就生态文明而言，其外部性有以下几个方面的特点。

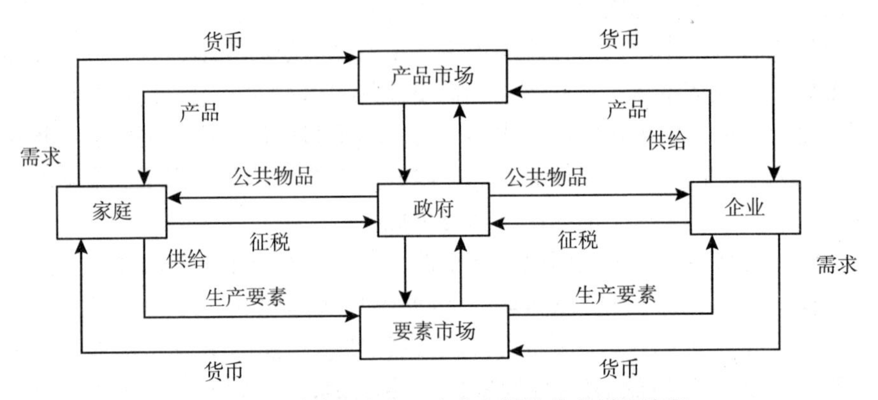

图2－1　政府与家庭、企业之间的收支循环流程

（一）生产者和消费者都可能产生外部性

在大多数人看来，外部性是由生产者产生的，而事实上，消费者也能产生外部性。如在挤满人的房间里吸烟的人，由于对公共资源——新鲜空气的消耗，从而降低了他人的效用，其社会成本大于私人成本。又如，跳广场舞的大妈，高音喇叭影响了附近小区居民的工作和生活，破坏了公共资源——宁静的环境，从而将成本强加给他人。

（二）外部性具有相互性

假设张三经营一家工厂，将工厂垃圾倒入一条没有人拥有主权的河里，李四以河中捕鱼为生。对于张三而言，将垃圾倒入河中直接使李四的状况变差。清洁的水是一种可用于其他活动（如李四捕鱼）的短缺资源，而张三没有因此而付费，因此，对于李四而言，张三的活动具有外部性。然而，另一方面，如果这条河不作捕鱼场所，而作为废物处理场，这也未必是坏事，而在这种情况下，对于张三而言，李四的活动具有外部性。因此，就环境的角度来看，外部性具有相互性。

（三）外部性可能是代际之间的

资源可以分为可再生资源和不可再生资源。不可再生资源指的是那些供给量基本固定，或者短期不可再生的资源。例如石油、煤炭等矿物燃料，需要经过地下几百万年的化学反应才能形成，又如金、银、铜、铁、锡、沙子以及石头等非燃料矿物，其储量是有限的。可再生资源指的是其效用能够被有规律的补充的资源，只要管理得当，它们就能无穷无尽地产生效用。山川河流、虫鱼鸟兽、森林滩涂以及太阳能、潮汐能、风能等都是重要的可再生资源。

对于不可再生资源而言，其使用面临着当代人与子孙后代的分配问题，其外部性有代际之间的关系。对于可再生资源，则面临着一个阈值的问题，即当代人的使用不影响子孙后代的问题，正如《淮南子·难一》所言："不涸泽而渔，不焚林而猎"。如果当代人过度开采不可再生资源，就无法保证子孙后代能够不断地获得这种资源的效用。

三、市场失灵理论对生态文明的影响

正是由于公共产品及外部性等市场失灵问题的存在，才形成了政府介入生态文明领域的原因。换句话，政府介入生态文明领域是由于生态文明领域的特性决定的。无论是环境领域存在的全球公共品问题还是资源领域中存在的公共悲剧问题，或是生产者、消费者及他们之间纵向或横向上的外部性，都成为了政府介入生态文明的理由，那么政府又如何介入生态文明领域呢？这不仅仅是促进生态文明发展的财政政策的基础理论，即财政政策作为政府干预市场的一种手段介入到生态文明领域之中，同时也是我们下一章需要探讨的内容——促进生态文明发展的财政政策运行机理，即财政政策如何介入到生态文明领域之中。无论如何，市场失灵理论都是整个促进生态文明发展的财政政策基础理论中最重要的环节，也是全文的核心内容。

第四节　财政分权理论与生态文明发展

一、财政分权的含义

20 世纪 50 年代的西方学者贴布奥拓（1956）发表一篇名为《地方公共支出的纯理论》的文章①，成为财政分权理论的起源标志。财政分权是中央政府赋予地方政府一定的财政收入权力，并划分相应的事权责任范围。其实质核心是让地方政府有相对自由的收支决策权，包括自主决定预算支出规模和支出结构。理解财政分权，如果从财政收入在各级政府之间划分的角度，测算方法一般采用：地方政府财政收入、地方财政支出、子级政府预算收入中的平均留成比、子级政府支出与中央支出的比例、财政预算收入的边际留成率、垂直不平衡度、自治度和收入—支出指标，用这些指标计算财政分权水平。但影响分权水平的因素是多方面的，例如经济发展状况、政治体制、文化传统观念和民主发达程度等，因而分权表现模式呈现多样化发展。

财政分权的一种重要形态是财政联邦主义，在西方国家，它是研究政府间关系的重要流派，和政治领域中的联邦主义有密切关系。因此，财政联邦主义和财政分权有联系也有区别。与财政分权相同之处在于，各级政府职责不是完成所有公共服务供给，而是按职责划分执行部分职能，因此中央和地方的事权责任分工是必要且必需的。中央承担全国性公共服务职责，地方政府负责满足地方居民公共需求。由于存在信息不对称和各级政府信息收集成本有差异，如果由中央统一的承担所有公共服务，很难满足地区居民多样化需求。而财政联邦体制特别之处在于，地方政府的税收权力和支出权力不来自中央政府，而是宪法赋予地方各种权力。换句话说，

① Tiebout, C. , A Pure Theory of Local Expenditures, Journal of Political Economics, 1956.

在财政决策方面中央无权干涉地方的收入和支出。这种财政决策分权分散的优势显而易见：其一，支出决策中，地方政府根据本地资源禀赋差异和人口规模，了解公共服务的真实成本，支出决策必然比中央决策更有效；其二，决策主体良性竞争，只有使有限资源分配更有效才能吸引选民投票。尽管财政联邦主义只是财政分权的一种流派，但研究者一般没有严格区分，只是在后期分权理论在各国发展过程中，会根据国家政治形态作简单划分。

二、西方分权理论的两个发展阶段

自财政分权理论发展以来，西方国家的分权实践已进行多年，并成为世界各国十分普遍现象。本书通过实证方法来研究环境治理领域的支出效率，然后用中国式分权理论解释这种公共服务效率，所以有必要先阐述西方分权理论的发展阶段。

第一代财政分权理论。哈耶克最早立足于信息不对称角度阐述分权理论。他提出由于获取信息成本差异，外部环境相同条件下中央政府比地方政府信息收集成本更高。地方政府的信息优势，有利于官员根据地区居民的公共产品服务需求做出正确的支出决策，使资源配置具有经济效率。也就是说，适当分权有利于中央和地方提高公共产品的效率。后来的学者贴布奥拓（1956）、马斯格武（1959）和奥特斯（1972）继续补充并完善该结论，形成了第一代财政分权理论：如果中央把权力适度下放给地方政府，不仅解决了信息不对称问题，而且具有相当决策权力的地方政府之间会产生竞争以吸引选民。竞争带来的直接收益是财政支出决策反映选民偏好，强化政府行为的民主监督，迫使地方政府提供有效的公共服务。可以看出，第一代财政分权观点的核心是强调竞争。

但是第一代财政分权理论的“高尚”政府假设似乎没有现实意义，实际上政府官员可能会为了个人利益放弃群众利益，甚至做出与选民意愿相违背的决策。第二代财政分权理论发展了第一代理论，并没有否定第一代理论认为的政府之间竞争激励。该理论认为，一个好的政府结构是应当考虑政府和选民的福利兼容。如果有完善的约束机制（如地方预算约束）和激励机制（如官员晋升激励），财政分权提高公共产品效率的作用就能得到很好保证。

三、实行财政分权的原因和影响机制

实行财政分权意味着向地方政府下放权力，各国中央政府为什么有动力实行分权，并成为各国的普遍做法？探讨这个问题将为解析公共服务领域的最优财政分权度作铺垫。

财政分权体制之所以能够在各国继续实践，有着多方面的原因：首先，如同第一代财政分权理论阐述的，实行财政分权体制有利于中央政府降低信息收集成本。地方政府比中央更具有完备信息，辖区居民可能会因为当地文化传统、经济发展水平、历史进程等原因表现出多样化需求，导致公共产品的合理供给极具复杂性。只有因地而异、因时而变做出的决策才有效，而这项决策权下放给地方政府就可以带来全民福利最大化。其次，是效率和公平问题。在中央有效信息缺失情况下，所做出的决策难免出现偏差，无以反映居民真实需求，缺乏效率。但是没有中央的统一决策会不会造成公平缺失？如果居民能够自由流动，“用脚投票”理论在实践中就具有可解释性，分权下的公平问题得以解决。再次，政府间竞争和民主监督。分权体制下的地方政府有一定的自主决策权，各地方政府之间成为独立利益体，会为了利益目标提供公共服务、降低税收、优化环境，并形成竞争关系。而竞争合理性可以通过民主监督体现，选民有着政治上的参与监督权，这种机制会对地方政府做出顺应民意的决策产生正向激励。最后，发展地方经济的客观需要。当物质基础相对雄厚，政府治理能力逐渐提高，赋予地方自主决策能力的分权制度条件成熟，分权的可能性随之提高。

一项体制的确定，必然会有正向和负向影响的差异，财政分权也不例外，针对具体问题的影响方向会有不同，没有一个完全确定的结论，下面仅从财政分权影响机制分析实行分权的后果（如图 2 -2 所示）。

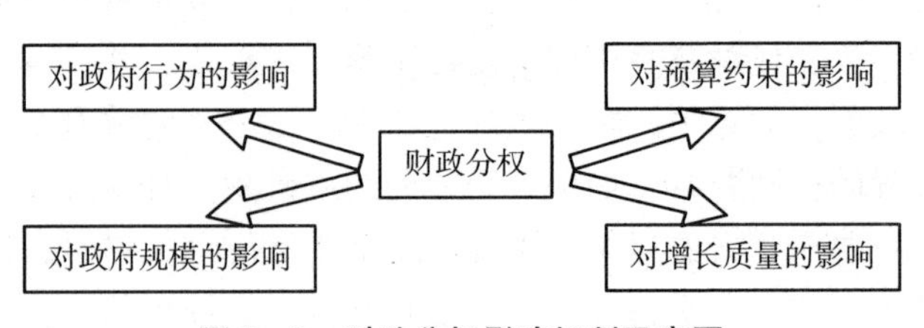

图 2 -2　财政分权影响机制示意图

对政府行为的影响。财政分权会导致地方政府间竞争，如果竞争具有正向激励，当然有助于资源配置到最优。但也要看到企业和组织对政府的“寻租”行为，如果地方政府数量较少，地区居民没有表达民意的正当渠道，或者选民没有流动性，腐败等恶性竞争会随着分权制度产生。另外，分权导致的竞争可能削弱市场力量，政府干预和地方保护主义对区域市场结构有较为直接的影响。

对政府规模的影响。财政分权使中央政府的收入权力随着事权的下放对地方政府进行补偿，如果中央和地方的收入完全独立，也没有控制收入对政府规模的影响，小中央、大地方的政府规模就有可能出现。

对预算约束的影响。任何领域都存在资源浪费，政治体制下也存在公共支出浪费现象。中央政府对地方政府的某些转移支付资金会有明确的支出用途，有时还会用于效率低下的地方，相对于能创造收益的领域，这部分资金的机会成本总是巨大的，由此使地方政府预算被束缚。但是，不可忽视的政治压力却有着软化预算约束的力量。

对增长质量的影响。从经济发展上理解，分权有利于保证财政支出决策有效率，有利于地方的经济水平提升。但是也有可能因为政府间恶性竞争的存在，分权引发市场分割、寻租成本、交易费用，这些因素是不利于经济发展的。从区域差距上理解，地方政府因地制宜地做出经济决策，根据自然资源禀赋和区位优势产生优势累积效应。但对于资源贫乏地区，与资源富裕区的差距会逐渐拉大。

综上所述，财政分权研究的是政府行政职责在各级政府间的划分，以及承担职责应当具有的收入权力划分，所以这种划分限度便成为学者关注的基本问题。学者研究视角紧密围绕分权度是否合理、多大程度的分权对公共服务供给效率最有利。从这种层面理解，财政分权的研究就转化为在某些公共服务供给领域，地方政府和中央政府的供给效率存在差别，可能地方供给更有效，也可能中央供给更有效。

四、生态文明领域中央与地方职能划分

财政联邦主义是财政分权的一个流派，它和财政分权理论都强调各级政府的职责不是完成所有公共服务供给，而是按职责划分执行部分职能，因此中央和地方的事权责任分工是必要且必需的。中央承担全国性公共服务职责，地方政府负责满足地方居民公共需求。由于存在信息不对称，如

果由中央统一承担所有公共服务，很难满足地区居民多样化需求。这种角度主要侧重于从政治学研究政府间关系划分，如果把视野从财政收入和支出在不同层级政府间的划分，转移到环境治理支出领域，就是研究分权是有利于还是不利于环境治理效率。也就是说，采用集权方式，就由中央统一支出环境领域，设定规范标准管理各级环境事务，地方政府只负责实施；采用分权方式，就由地方政府根据地区情况承担当地环境事权责任，并由中央下放的财权做保障。理论界还没有对这一问题形成一致结论，归纳如下。

由于地方政府间资本竞争和跨区域污染外部性，集权理论认为把环境治理事务划分给中央承担更有效。地区为发展经济，常常降低环境标准或税收以吸引企业，使公共环境水平达不到最优。其次，污染物具有流动性，不考虑其他地区居民福利的地方政府会选择更高的跨界污染。

由于区域信息差异和竞争机制的引入，分权理论认为把环境治理事务划分给地方政府承担更有效。环境治理支出的决策依赖于外部经济状况和资源禀赋差异，地方政府根据辖区有关信息量身定制政策方针，有利于提高效率。其次，政府间竞争带来更严厉的环境管制和更迫切的环保意愿，迫使地方政府提高环境治理能力和资金使用效率。

虽然理论上没有定论，但可以确定的是，过度集权和过度分权都会导致环境治理支出的无效率。目前我国的政策是，中央制定环境规范并引导地方政府，由地方政府和地方环境保护部门组织实施。地方环保部门受中央相关部门和地方政府双重领导，地方政府在环境治理方面拥有一定的自由控制权，所以有必要考察分权体制下地方政府的环境治理支出效率。

五、财政分权对政府行为影响

传统体制下地方政府的权力受到约束，财政分权提升了地方权力，使地方政府有了独立的自由支配权和预算权。这种分权体制事实上确立了中央与地方各自的权力和地位，地方因此有较强的控制经济资源和分配剩余利润的权力。作为相对独立的利益个体，分权影响着地方政府行为。

地方政府保护本地经济，分权成为这种保护主义的有力推力。不同产业有着不同的保护形式，在环境治理支出领域，这种保护体现为对当地低效企业的保护和支出的差别化对待。一种是透过国有资本控制地方资源，以实现保护地方税基的目的；另一种是设置市场准入壁垒，采用行政手段干预生产要素自由流动。地方保护主义导致市场信号失灵和市场扭曲，严重干扰资源有效配置。

干部选拔任用以地区经济发展为指标，分权激励了地方政府放松环境管制抓建设。中央政府掌握地方官员人事任免权和行政晋升权，从而对地方政府行为产生导向性激励，影响政府决策。分权改革后，剩余利润的分配权力归于地方政府，而地方的经济发展是这种剩余利润的强大支持。另外，官员个人升迁利益与经济发展水平联系密切，也促成了地方过度关注经济建设的事实。分权激励导致了地方政府职能异化，阻碍了非生产性公共服务支出，在竞争中谋求经济增长。内有晋升激励，外有低标准政策，环境治理支出领域的政府横向竞争行为和“GDP 锦标赛”，干扰资源配置效率。

寻租行为滋生出腐败问题，分权弱化监督机制。地方政府积极介入企业，干预企业运营，参与企业决策，这都是政府主导的市场模式中可能存在的现象。对于非常盈利的公共支出项目，私人企业与地方政府合作，客观上创造了寻租条件，成为政府的腐败之源。腐败行为的存在一方面浪费了社会资源；另一方面挤占有效支出，存在公共支出项目偷工减料现象，这是导致公共支出无效和效率损失的原因之一。

我国实行的财政分权是带有“财政联邦主义”特色，使地方政府具有部分财政自主权和事权职责，地方可以决定本辖区内财政责任，拥有部分预算立法权和预算自由权。但在中国，中央不仅从总额上控制地方政府的支出预算，还对地方的重要支出份额拥有主要决定权，所以这种自主权是相当有限的。加之官员晋升的考评指标与地方经济发展指标关系密切，导致地方政府行为扭曲。

六、财政分权对生态文明的影响

（一）从财权和事权理解两者关系

对财政分权概念的理解，有两个角度：政治学上理解，分权是中央和地方政府关系上的划分，财政学上理解，分权是中央和地方政府财权和事权的划分。而支出和效率的内涵，都包括投入和产出分析，目标及分析方向一致。阐述财政分权和环境治理支出效率间的关系，可依据财政学上的分权概念，从收入财力和支出事权理解。

从财权上看，分权让地方政府对本级收入有一定的支配权，地方政府有动力增加经济收入。经济越发达，地方政府可支配财力越充分。对于经济已经发展起来的地区，环境治理支出资金来源还比较充裕。而对于某些资源贫乏区和经济落后区，挤占部分环境支出，把资金投入到带来经济效益的项目上比投入到环境治理上带来的收效更明显。加之中央对地方官员的经济绩效考核指标作为衡量官员晋升的标准，地方政府有动力为获得财政收入而压低环境标准，在区域政府竞争中赢得企业支出。并且越是在落后地区，发展经济的愿望越是迫切，挤占支出资金、放松环境管制的动力越足，这些地区不仅投入资金不足，环境状况也更糟，其支出效率可见一斑。环境治理支出纳入地方政府预算核算，在分权导致的政府部门职能异化和行为激励下，这种非生产性公共支出可能存在资金来源不足。而事权承担过多，财力向上级转移的事实，也加剧了支出资金效率低下。所以从地方政府拥有的财力看，地方有着资金自由支配权，分权可能不利于提高效率。

从事权上看，中央承担全国性公共服务职责，地方承担部分职责。环境领域，中央制定统一法律法规，引导并约束地方政府实施环境保护和污染治理工作。这种安排可以避免集权的单一形式，使分权形式多样化。分权体制设置的初衷是因为地方政府具有获得支出决策的信息优势，地方政府和地区联系更加密切，对提高效率无疑有积极作用。但也要看到事权的下放意味着中央放松了公共服务提供标准，也放松了部分财政控制权。就环境保护和污染治理的事权上，如果没有一套完善的监管机制，失去中央控制的地方政府可以在此选择少作为甚至不作为。所以从地方政府承担的事权看，地方既有信息优势有助于合理决策，也有所受控制减小不利于提高效率，对效率的影响是双重的。

（二）影响机制

财政分权体制调动了地方政府的积极性，对中国经济发展产生促进作用，这一结果被称为中国财政分权的期望产出；但在发挥其积极作用的同时，分权带来的负面影响逐渐受到关注，这就是包括环境污染在内的非期望产出。对于地方政府而言，晋升激励和财政收入激励导致追求期望产出时政府行为扭曲，非期望产出逐年增加。

公共支出分为生产性公共支出和非生产性支出，前者有利于经济发展并带来直接经济收益，如基础设施建设支出；后者没有直接促进经济增长，如环境保护和环境治理支出。西方第一代财政分权理论认为，财政分权有利于公共产品供给效率提高。环境是纯公共产品，所以它支持“分权程度越高越能促进地方政府环境治理的支出效率”这一论断。但是该论断依据“用脚投票”和民主决策机制，目前中国居民并没有完全意义上的跨区自由流动和民主决策权。第一代财政分权理论阐述的影响机理在我国并不适用。西方第二代财政分权理论认为，一套融合了政府官员和群众利益的激励相容机制，是发挥财政分权对效率积极作用的保证。财政分权对地方政府行为的影响以及国别政治体制差异性，仅从理论阐述分权与环境治理支出效率的关系及影响还不够，需要结合现状描述和实证数据佐证。

第三章

促进生态文明发展的财政政策运行机理

研究财政政策促进生态文明发展的理论基础，解决的是“为什么财政政策可以促进生态文明发展”这一问题。而研究财政政策促进生态文明发展运行机理，解决的是“财政政策促进生态文明发展的着力点的问题”对于这个问题的理解，目前国内的认识还不完全一致，通常情况下，可以归为两个方向：一是以环境保护为导向；二是以资源节约为导向。根据马克思主义哲学中关于矛盾的论述，矛盾存在着三个基本性质：一是矛盾的同一性和斗争性；二是矛盾普遍性与特殊性；三是两点论与重点论。对于生态文明而言，也存在着矛盾规律当中的两点论与重点论的问题。毫无疑问，要解决生态文明的问题，应该从环境保护与资源节约两个方面入手。然而，不同导向的生态文明，谁是主要矛盾？谁是次要矛盾？换句话说，对于促进生态文明发展的财政政策而言，政府工作的着力点应放在何处呢？是环境保护，还是资源节约？从目前的情况来看，有些资源是可以再生的，有些资源即使不能再生，但也具有可替代性。而环境起着无法替代的作用，尤其是在人类的科学技术目前还无法实现星球间转移的时代，环境问题是无法回避的。而且，纵观人类社会的发展状况，环境约束比资源约束更具有刚性，资源问题可以随着技术的进一步进步在发展的过程予以解决。因此，政府制定促进生态文明发展的财政政策的着力点应该以环境保护为目标导向，通过多种手段得以实现。

第一节　政府对生态文明领域的介入方式

一、政府介入生态文明的必要性

对于人们的日常生活而言，政府是无处不在的。小到街边的路灯，大到国家的国防，政府广泛地执行着其所固有的政治、经济以及社会职能。然而，从某种意义上说，政府的政治职能和社会职能是以经济职能为前提的。这种现象可以这样解释：政府只有集中了一部分社会产品的分配，才能实现其全部职能。换句话说，没有经济职能，政府的政治职能和社会职能也无法实现。另外，正是由于市场失灵或缺陷的存在，才有了政府干预经济的必要性。由于市场经济存在着微观经济无效率，宏观经济不稳定，收入分配不公平，由于市场无法有效提供公共产品，无法解决外部性问题，无法解决竞争的不充分性及垄断的问题，无法解决信息的不充分及不对称性问题，才有了政府作用于经济领域的空间。从某种意义上说，政府与市场不是替代关系，而是互补关系。政府干预是市场经济的补充。事实上，由于政府介入市场，传统的两部门经济转变为三部门经济，其收支循环也增加了政府及税收的元素。

就生态文明而言，由于其公共产品及外部性的存在，才导致资源配置失效，产生了环境污染、资源浪费、生态破坏等一系列的问题，而单纯靠市场本身无法解释这些问题。正是由于这些市场失灵现象的出现，才有了政府通过包括财政手段在内的干预手段介入生态文明的必要性。从本质上看，政府介入生态文明领域是由生态文明的性质决定的。

二、不同目标导向的生态文明

（一）以环境保护为目标导向的生态文明

1. 环境的基本属性

（1）环境的自然属性。

①环境的功能。环境具有全方面服务于人类社会的功能，包括：提供自然生产，维持生物多样性，调节气象过程，调节气候变化和促进地球化学物质循环，调节水循环，减缓旱涝灾害，改善和保护土壤，净化污染，传播花粉，控制病害虫，维持和改善人的身心健康以及激发人的精神文化追求等①。

②环境容量。环境容量也可以称之为环境的自净能力。科学研究证实，大气、土壤、森林、水等自然环境要素具有通过物理反应过程、化学反应过程和生物反应过程来扩散、储存、同化或消解人类社会各类活动所产生的污染物的能力。

环境容量反映了环境对污染的承载能力，它包括环境的水体净化能力、土壤净化能力、大气自净作用等几个方面，其大小由污染物的性质和自然环境的特性共同决定。

③环境容量的有限性。环境容量的有限性表现为两种不同的形式。

一是污染物总量不能超过环境容量总量。在一般情况下，环境能够将一定量的废弃物吸收并转化为无害的物质，以维持生态环境的秩序和功能，但是当污染物的数量超过一定限度的时候，即污染负荷超过环境的净化能力的时候，就会使生态环境的结构与功能发生变化，对人类或者其他生物的生存和发展产生不利的影响，造成环境的污染，具体表现为环境自净能力降低、人体健康受损、生态系统破坏、美学价值降低等。

二是污染负荷的增加速度不能超过环境容纳能力的净化速度。由于环境系统对污染物净化的物理过程、化学过程、生物过程都需要时间，当污染物在单位时间内的排放强度大于环境系统在单位时间内对污染物的消解速度的时候，这将会造成对环境容纳能力的破坏，使得环境质量不能满足人类健康的需要。

（2）环境的经济属性。环境的经济属性表现在两个方面：一是环境为人类的经济活动提供各种自然资源；二是环境容量为人类的经济活动所排放废弃物提供消解能力。当污染物在环境中富集到一定数量的时候，将会导致人体健康受损、物种损失、环境恶劣、生态失衡等异常现象，造成大量财富损失，从而增加社会经济运行的成本与负担。污染物的处置过程，大部分是通过环境容量的容纳功能完成的。因此，环境的容纳能力是保证社会经济再生产顺利进行的必不可少的条件之一，也是人类生存与发展的

---

① 周海林：《可持续发展原理》，商务印书馆2004年版。

必不可少的条件之一。

环境容量尽管不能直接进入人类社会的生产过程，但环境容量的容纳功能、消解功能是人类经济活动不可缺少的辅助要素之一，是经济活动所必需的资源。但是，只有在污染水平恰好等于环境容量的时候，环境容量资源能够为人类所利用，即只有在环境容量限度之内，污染物的排放量才是可以接受的，这时的污染水平可以称之为“有效的污染水平”。毫无疑问，在无污染的方式下，现代经济过程是难以实现的。由于无污染的产品生产需要花费非常高的成本，因此这样的生产过程是不经济的。因此，只有把废弃物的排放控制在“有效的污染水平”的范围之内，才能够保证污染规模不会超过环境容量的最大值（即“阈值”），才能够使经济行为和生产过程兼具经济意义与社会意义。

2. 环境容量的特殊性质

作为一种被人类看作取之不尽、用之不绝、不需要花费任何成本的物品，长期以来，环境的作用一直是免费的和无偿的。然而，进入工业化社会以后，随着各类经济活动的规模不断扩大，经济行为主体所排放出的工业废弃物与生活垃圾日益增多，它们造成的环境污染问题日益严重，对人体的健康损害和对经济的发展限制日益频繁，这样才迫使人们不得不重新考虑经济活动与环境的本质关系。特别是当环境容量的功能被人们揭示出来之后，其存在的有限性、经济性、资源性等特殊性质更是引起了人们的广泛关注。

从经济学的角度来看，环境容量的特殊性质主要表现为它的稀缺性。竞争性的使用是经济学存在的根源。它是由物品或服务的稀缺性导致的，因此，它也必然呈现出稀缺性。从物品被使用的经济、技术条件以及产品本身的自然属性来看，不可否认，环境容量是一类“可拥挤物品”。所谓“可拥挤物品”，就是指当使用者的数目在一定范围之内时，它的表现很像纯粹的公共物品，即在此范围内不存在竞争性和排他性。但是，当使用者的数目达到一定程度之后，增加更多的使用者将会减少其他使用者的效用，甚至会产生一定的负效用。换句话说，这类物品虽然能提供给养很多人使用，但是却会受到容量的限制。在达到容量极限之前，额外使用者的增加所带来的边际成本几乎接近于零，消费者之间不发生任何竞争，而当超过容量的阈值限制时，如果再进一步提高环境的使用者数目，则使用的边际成本将急剧上升，甚至趋向于无穷大。

环境容量就是一种存在极限的可使用物品。随着经济的快速发展，环境容量的使用者数量必然会增加，而环境容量资源的稀缺性也会日益显著，于是环境容量也就成为了一种重要的、极具价值的、特殊的自然资源。然而目前，尽管人们一直在使用环境容量，但环境容量既没有被当作生产过程中的生产要素，也没有构成经济核算中的成本因素，更没有在产品价格中与经济评价中得到体现。因此，如果对这一问题不加以重视，环境容量必将成为阻碍人类社会经济发展的因素之一。

3. 环境治理支出含义

各国统计指标所确定的环境治理支出范围不尽相同。例如，美国的资源环境保护与治理支出涵盖预防资金、损害赔偿费用、治理费用和管理资金。而日本的包含范围相对广一些，除上述几种资金费用外，还有城市基础设施的投资支出费用。

我国地方政府环境污染治理支出的统计口径缺乏统一性。最近一次调整统计口径是2011年，根据《中国环境统计年鉴》统计数据，2011年后分地区的环境治理支出包括：城镇（包括城市和县城）环境基础设施建设支出、工业污染源治理支出、当年完成环保验收项目环保支出。可以查到的2004～2010年数据包括：城市环境基础设施建设投资支出、工业污染源治理支出、建设项目“三同时”环保支出。《2000年环境保护规划纲要》中的环境治理支出包括：固定资产中的环节保护与治理支出、与环境相关的部分城市公用设施支出、资源综合利用支出、自然保护支出，等等。

环境治理领域的支出一直被误认为是一种消耗性成本，不存在收益可言。实际上环境治理支出所带来的收益极大的超过初始成本，它以治理污染为手段，达到改善环境的目标，获得长远的经济效益、环境效益和人文效益。因环境治理支出与日常理解的生产性支出不同，它涉及公共决策和公共服务领域，所以一方面要研究这种支出的投入产出效率；另一方面要研究财政体制对这种支出效率的影响。

4. 环境保护是发达国家发展生态文明的出发点

在发达国家，资源问题基本上通过市场价格机制来进行调节，一般不涉及资源节约的问题。环境保护则是政府生态文明工作的主要方面，可以这么说，政府的生态文明实践基本上都是从保护环境的角度发展起来的。

第二次世界大战后，日本经济获得了前所未有的飞速发展，随之而来的是大量生产、大量出口、大量消费、大量废弃所带来的危害，而这些危害首先在环境问题上反映出来。在大量进口资源、大量生产产品、大量出口商品和大量消费物品之后给日本国内带来的是不断增长的废弃物和日益恶化的环境。因此，对于日本而言，改变传统的发展方式，提高资源使用效率，减少资源浪费是十分迫切的。因此，日本生产技术的改进除了传统的注重质量控制之外，减少废弃物的排放，降低环境负荷也成为其重点关注的内容。对于日本而言，尽管也存在着与我国一样的人口众多、资源短缺、人均资源占有量少的问题，甚至情况比我国还要严重，但是资源短缺却并没有成为影响其经济发展的因素，与此相反，环境问题却成为其发展的重要“瓶颈”。因此，从日本的情况来看，减少废弃物产生和预防污染等环境保护问题才是生态文明产生的根源。

作为欧美国家生态文明的代表，德国对废弃物回收利用进行立法从20世纪60年代开始的，直到20世纪90年代之后，才开始转向通过发展生态文明，实现从源头防治废弃物产生和预防污染的新型经济运行模式。从实践来看，德国等欧美发达国家解决环境污染的思路是从对污染的末端治理开始的，但是，他们很快发现，末端治理的成本非常高，效果并不是很理想。以德国为例，他们最初是以将固体垃圾填埋的方式对其进行处理的，然而，随着填埋场土地建设的日益紧张与地下水的污染日益严重，德国不得不将垃圾运往国外，借用他国空间处理本国垃圾，毫无疑问，随之而来的是其他国家的抵制和国际舆论的批评。在这种情况之下，德国把解决环境污染的方式转向对废弃物的循环利用和再生利用便成为了顺理成章的事情。20世纪70年代后期，“从摇篮到坟墓”式对产品生产的全过程控制在德国开始施行，随后德国又发展了生态设计制度，这一革命开启了生态文明发展的新纪元。以杜邦公司发起的企业生态文明模式为例，他们通过“3R”原则，着眼于生产过程中的减量化，再利用与再循环，注重从源头上减少废弃物产生和排放。这是一种从生产线内部处理废弃物、消除环境污染的有效途径。

从日本与德国的发展经验来看，生态文明理论与实践上的出发点都是为了减少废弃物对环境的影响，而所采取的方法是通过将废弃物资源化的处理和循环利用，以达到消除污染的目的。因此，他们理念中的生态文明是一种以环境保护为目标导向的生态文明，而资源的有效利用是实现这一目标的方法和手段，“循环”则仅仅只是一种技术路径。

5. 以环境保护为目标导向的生态文明的内涵

社会的经济行为主体的生产过程与消费过程对生态环境的无害化是环境保护的基本要求。当前，在人口红利的驱动之下，我国工业化和城市化进程不断加快，伴随着劳动、资本、土地、技术等生产要素的数量和质量的提升，经济发展具有强大的内动力。然而，经济的发展与环境的破坏几乎在同时进行着，尤其是现阶段，雾霾的问题日益突出，对社会各界的生活和工作造成了诸多不便，也严重影响着人们的健康。如何实现经济发展与环境保护的平衡，寻找一条不破坏生态平衡，不污染自然环境的新路迫在眉睫。因此，以环境保护为目标导向的生态文明发展模式应运而生，它改变了传统的先污染后治理的环境保护观，要求必须从源头预防污染产生。以环境保护为目标导向的生态文明理论认为，消耗资源和排放废弃物是一切污染的源头，而从这一源头来预防污染产生的有效途径之一则是减少资源消耗和实现废弃物的少排放或零排放。因此，以环境保护为目标导向的生态文明应至少包括四个方面的内容：一是应该最大限度地减少对资源领域的消耗；二是对消耗资源而产生的废弃物应该进行再循环与再利用；三是在现有技术水平下对没有再利用价值的废弃物应该进行环境无害化处理；四是实现生态修复。显然，以环境保护为目标导向的生态文明综合了以资源节约为导向的生态文明的特点。因此，单纯从环境角度来看，资源节约也是保护生态环境的途径之一。

综上所述，以环境保护为目标导向的生态文明同时也可以被称之为“深度生态文明”①，它不仅体现了生态学、经济学、社会学与系统论的理论基础，实现了生态规律与经济规律的结合，而且使得保护环境和防止污染成为经济增长的基本条件和重要内容，有效地消除经济发展与环境污染、资源短缺的矛盾。显而易见，它的内涵与我们在导论中对生态文明概念的一般性定义的表达的内涵是一致的。

---

① 齐建国：《在生态文明轨道上破解资源约束》，载于《中国社会科学院院报》2005 年 11 月 29 日。

三、以资源节约为目标导向的生态文明

（一）资源的概念

关于资源的概念有很多种说法，而本书所讲的资源主要指的是自然资源，最重要的自然资源毫无疑问，是土地、水和大气。这三种自然资源的组合为人们生产出不同各类的产品和劳动提供了原材料。如土地，一方面为我们提供粮食、大豆等各类农作物和经过农作物发酵而形成的美酒；另一方面也为我们提供金、银、铜、铁和煤、石油、天然气等各种能源和矿藏。各类水源一方面为我们提供美味的鱼类和海产品；另一方面也给我们提供丰富的旅游资源，同时还是一种非常经济的交通运输方式。而大气不但为我们提供可呼吸的空气，还为我们提供飞行的空间，同时大气时间与空间的变化也为我们提供了美丽的风景。与劳动、资本一样，自然资源其实也是一种生产要素，为人类服务，满足人类需要。

（二）关于（自然）资源的不同分类

关于资源从不同的角度可以划分为可分拨资源和不可分拨资源以及可再生资源和不可再生资源。

可分拨资源指的是在商品交换的过程中，生产者或者消费者能够获得全部经济价值的资源。如农民出售小麦，可以获得小麦的全部生产要素的回报。而不可分拨资源指的是在商品交换的过程中，其成本或者收益不能完全归属于生产者或者消费者的资源。如大海中捕获鲨鱼，一方面捕捞者获得了鲨鱼的美味；另一方面，却使鲨鱼的繁殖能力下降，如果不加以限制，则可能会因为过度捕捞而使鲨鱼减产。当资源具有不可分拨性的时间，市场则无法提供正确的信号。一般来说，对于外部经济的产品，市场会供给不足；而对于外部不经济的产品，市场又会出现产能过剩。

供给量基本固定，或者短期内不可再生的资源，我们称之为不可再生资源。最典型的不可再生资源是各类矿藏（如金、银、铜、铁、锡）和各类化石资源（如煤、石油、天然气、页岩气）等。而效用能够有规律地补充，且只要管理得当，就能无穷无尽使用的资源，我们称之为可再生资源。如太阳能、潮汐能、森林、河流、鱼群、哺乳动物等。不可再生资源的利用难点体现在不同阶段（如代际之间）的安排上，而可再生资源利用

的重点在于如何能够保证不断地获得这种资源的使用价值。

（三）关于（自然）资源的特征

当今社会，能源的消耗日益增长，而高达90%的能源来自于有限的、不可再生（自然）资源。那么，我们是否应该通过限制资源的使用，为我们的子孙后代留下有限的资源呢？关于这个问题的回答，应该从两个方面入手。

一是（自然）资源是有限的，但不是必需的。例如石油和天然气，它们是可以找到替代品的，如煤或者页岩气等，当煤或者页岩气用光之后，我们又可以使用太阳能或者核能，从某种意义上讲，太阳能和核能是无限的，因为如果太阳能消耗殆尽，则意味着我们无法在这个星球上生存。

二是（自然）资源涉及不同资产的相对生产率。随着科学技术地不断进步，资本有机构成在不断增加，人们更为关注资本的生产能力而不是人的生产能力。而（自然）资源和人一样，也可以通过资本来进一步替代其生产能力，从这个角度来看，（自然）资源也不是必需的。

（四）以资源节约为目标导向的生态文明的内涵

以资源节约为目标导向的生态文明指的是在社会生产、流通、消费等各个领域，通过采取循环利用物质与资源，提高资源的利用效率等综合性措施，从而以最少的资源消耗获得最大的经济效益和社会效益。从某种意义上说，以资源节约为目标导向的生态文明又可以被称之为“浅度生态文明”。①

作为一种生产要素，自然资源在传统的经济核算体系中具有举足轻重的作用，它是构成产品成本的重要因素之一。当资源的短缺导致产品价格发生变化时，对经济运行产生的波动和对人民生活发生的影响就会被直观反映出来，引起人们的广泛重视。因此，从资源供给压力角度出发，很多研究人员和实际工作者把资源节约设定为生态文明的首要目标，以此来认识和理解生态文明的含义。由于我国长期处于经济短缺、物质供应严重不足的状态，人们顺理成章地认为资源和废弃物的回收利用是为了解决资源供给的匮乏，因而心目中也形成了这样一个基本的概念：资源和废弃物的回收利用是由于资源短缺的产生。至于环境保护问题的解决有时候仅仅只

---

① 齐建国：《在生态文明轨道上破解资源约束》，载于《中国社会科学院院报》2005年11月29日。

是一种附带品，有时候甚至会产生相反的结果，造成环境的更为严重的二次污染，这是资源节约型导向的生态文明的缺陷之一。

第二节　财政政策促进生态文明发展的着力点

一、两种导向的生态文明差异性分析

（一）出发点与落脚点不同

以环境保护为目标导向的生态文明其出发点是从源头减少废弃物和污染排放，其落脚点是实现人与自然环境的和谐相处。在这一过程中，资源的节约与循环利用尽管只是其中一种基本手段，但资源节约的目标也附带得以实现。而以资源节约为目标导向的生态文明其出发点则是节约资源，其落脚点是解决资源短缺与经济增长之间的矛盾。在这一过程中，环境可能会受到更严重的二次污染。从效果上看，以资源节约为目标导向的生态文明也会在一定程度上减少废弃物排放和从源头防治污染，但解决环境污染问题并不是其出发点，也不是其落脚点，因此，环境保护为目标导向的生态文明与以资源节约以目标导向的生态文明相比，视角显得更广泛，意义显得更深刻，境界显得更高远。

（二）运行机制和实现途径不同

以环境保护为目标导向的生态文明是通过政府干预来实现的。环境保护是市场失灵的领域，环境污染则是企业的外部性问题。市场经济条件下，由于存在外部性的情况下市场机制无法充分发挥效率，所以必须通过政府干预来解决掉这个问题。政府的干预是通过多种手段来实现的，如前文所述，包括建立法律法规体系、政策支撑体系、技术支持体系、激励约束机制等方面。

以资源节约为目标导向的生态文明是通过市场机制自我调整来实现的。在市场经济条件下，资源节约问题首先是企业与消费者的微观行为，其次才是国家的宏观行为，如果调控得当，可以通过价格机制来对企业与消费者节约资源的行为进行调节，而不需要政府干预。随着资源数量的不

断减少，资源的稀缺性突显，作为企业而言可以根据资源的价格信号采取相应措施减少资源的使用量，作为消费者而言，可以根据价格信号，结合自身的消费偏好，遵循效用最大化原则，对自己的消费行为进行调整，减少资源的消费量。

（三）功能层次与价值判断不同

以环境保护为目标导向的生态文明，处理的是人与社会的关系，它把人与自然资源的关系拓展到人类与社会关系领域，这是一种深层次的功能，也可以称之为和谐共生层次的功能，在达到这一目标的过程中，物质资源的循环利用仅仅是一种重要手段。

以资源节约为目标导向的生态文明，处理的是人与自然的关系，它把人与自然资源的关系主要限于物质资源对于人的循环利用，这是一种的浅层次的功能。在达到这一目标的过程中，环境既有可能得到治理，也有可能出现二次污染。

从经济增长的价值判断上来看，以环境保护为目标导向的生态文明更为关注在创造财富的效率的过程上，自然拥有财富存量与人类创造财富增量之间的对比关系，而以资源节约为目标导向的生态文明则更为关注人类创造财富的增量及创造财富的效率。

二、资源节约作为财政政策促进生态文明发展着力点的局限性

（一）政策作用的有限性

从资源节约的功能角度来看，节约资源只能提高资源的使用效率，然而，并不能改变人们资源需求量不断增加的事实，也不能提高社会人均资源的消耗总量。另外，由于物质平衡原理，一种资源消耗的减少必然带来另一种资源消耗的增加，因此政府政策对资源节约所产生影响相对有限。

（二）资源数量的扩展性

而资源数量则可以有进一步的扩展空间。这主要体现在三个方面：一是地球内部蕴藏着大量潜在的未开发的传统资源；二是新能源技术的应用为资源数量的增加开辟了新的来源；三是可再生能源的利用可以从一定程

度上缓解资源数量的不足。

（三）调节对象的单一性

对于以资源节约为目标导向的生态文明而言，其目标毫无疑问是实现资源节约。这一过程是通过市场机制来实现的，而作为公共物品的环境在市场机制的调节过程中存在着“市场失灵”的现象，只能通过政府干预来实现其外部成本内部化的目标。此外，由于资源的循环利用，在一定程度上甚至可以造成资源使用过程中更为严重的二次污染。因此，以资源节约为目标导向的生态文明具有调节对象单一性的特点。

由于资源节约为目标导向的生态文明的局限性的存在，因此，将资源节约作为财政政策促进生态文明发展的着力点是不合适的。

三、环境保护是财政政策促进生态文明发展的着力点

资源节约作为财政政策促进生态文明发展的着力点是不合适的，那么环境保护是否能作为财政政策促进生态文明发展的着力点，这个问题可以从必要性和可行性两个方面进行分析。

（一）必要性

一方面，从目前来看，地球的表面积是一定的，环境容量也是有限的；另一方面，从未来来看，人类实现太空转移的梦想具有不确定性，是否能寻找到环境的替代物还是一个未知数。因此，以环境保护为目标导向的生态文明作为财政政策促进生态文明发展的着力点是十分必要的。

（二）可行性

从制度安排和政策体系上来讲，以环境保护为目标导向的生态文明，就是从源头上控制废弃物排放和减少环境破坏，激励包括生产者和消费者在内社会全体成员减少废弃物产生而保护环境、循环利用废弃物而节约资源，这样一方面可以实现环境保护的目标；另一方面也可以实现资源节约的目标，在达到环境保护目标的同时资源节约目标也就会在这一过程中先期实现或同步达到。由于以环境保护为目标导向的生态文明具有双重性，因此，将财政政策促进生态文明发展的着力点放环境保护上是可行的。

综上所述，财政政策促进生态文明发展的着力点应该放在环境保护上，这样，可以同时解决环境保护和资源节约的问题，实现一举两得。毋庸置疑，与资源节约相比，环境保护才是财政政策促进生态文明发展的着力点。

第三节　财政政策促进生态文明发展的实现途径

如前文所述，环境保护是财政政策促进生态文明发展的着力点。而环境保护是通过四种途径来实现的：一是应该最大限度地减少对资源领域的消耗；二是对消耗资源而产生的废弃物应该进行再循环与再利用；三是在现有技术水平下对没有再利用价值的废弃物应该进行环境无害化处理；四是实现对生态的修复。因此，财政政策促进生态文明发展也应该通过这四种途径来实现。

一、实现资源减量化的财政政策

从西方发达国家的实践看，资源的减量化是通过资源节约来实现的，而资源节约离不开公共财政的介入。而这种财政政策的介入可能通过政府采购、财政补贴、转移支付、税收与收费等政策来实现。

（一）政府采购政策

对于企业而言，追求利润是其不变的主题。而利润来源于市场上的需求量。政府部门可以加大对节能产品的采购力度，通过绿色政府采购，改变传统的政府采购产品结构，以此提高企业资源减量化或者资源节约的积极性。

（二）财政补贴政策

在许多的政府部门之中，都有在预算中安排一定的资金，通过补贴的方式，对有关资源减量化或者资源节约的法规制定、教育培训、课题研究、信息服务予以补贴。此外，对于企业有关资源节约的技术开发、推广以及应用也可以通过财政补贴给予一定的支持。

（三）转移支付政策

由于我国存在着经济发展不平衡，区域间政府财力差距过大的现象。一部分穷省实现资源减量化或者资源节约的资金相对不足，而这些省份往往又是资源消耗的大省。因此，在未来的政府改革过程中，中央政府可以通过转移支付的制度，设立专项资金，协助这些省份推广资源节约技术，以此缩减区域之间资源节约的差距。

（四）税收政策

税收政策是促进资源减量化或者资源节约最常用的财政政策。对于税收政策而言，其实现资源节约的目标主要可以通过以下几种途径实现：一是开征环保税；二是推行燃油税；三是试点土地闲置税；四是建立“绿色”关税；五是完善消费税、资源税、增值税等传统税种。

（五）收费政策

按照“谁污染、谁治理、谁受益、谁付费”的原则，政府部门可以对资源消耗过大的企业征收一定费用。收费本身就是一种成本约束机制，当消耗的最后一个单位的资源所带来的收益小于其付费带来的成本时，企业就会不得不自觉实现资源节约的目标。

二、实现废弃物再利用与再循环的财政政策

废弃物的再利用是指通过对已丢弃的物品进行保护原状或稍作加工使其重新投入到使用中去，尽量延长其使用的时间。废弃物的再循环则是指报废的物品通过资源化使其循环利用，这样既可以减少废弃物的填埋场所，降低环境的污染，又可以节约资源，从而实现一举两得的目的。实现废弃物再利用与再循环的财政政策可以通过财政投资、政府采购、财政补贴、税收、押金返还等政策来实现。

（一）财政投资政策

财政投资政策主要应用于静脉产业。静脉产业是指合理处理和利用废弃物，实现废弃物资源化的产业。静脉产业是连接生产和消费领域废弃物循环利用的纽带，对废弃物的再回收和再利用起着重要作用，是生态文明

的重要组成部分。在静脉产业发展的初期，从事该产业的成本相对较高，政府可以通过直接投资该产业，待该产业成熟，成本降低之后，政府再选择退出，交由市场机制来调节该产业。

（二）政府采购政策

与促进减量化的政府采购政策一样，对于通过循环利用自己产品所产生废弃物来进行新生产的企业，政府应加大其所生产产品的采购力度，通过调整市场上产品的需求结构，刺激企业循环利用自己产品产生的废弃物。

（三）财政补贴政策

除了政府采购政策之外，财政补贴是促进废弃物再利用与再循环的有效政策。其区别在于，前者主要针对的是废弃物再回收过程，而后者则主要针对的是废弃物再循环过程。对再回收过程而言，财政补贴可以激励企业加大回收自己产品产生废弃物的积极性。

（四）税收政策

政府采购政策与财政补贴政策可以从正面激励企业积极回收和循环利用所产生的废弃物，而税收则可以从反面约束企业，使企业减少废弃物的产生量，或者产生废弃物之后，不得不回收和循环利用废弃物。实现废弃物再利用与再循环的财政政策主要是根据不同物品的特点在充分考虑到其他因素的基础上从量或者从价征收，以此来约束企业的经济行为。

（五）押金返还政策

严格意义上讲，押金制度并不是财政政策的一种，但它一方面通过收费的形式实现；另一方面起了回收废弃物的作用，因此在这里我们也把它算作一种名义上的财政政策。押金制度对于德国与日本等生态文明相对发达的国家而言，是一种常见的制度，通过押金返还的形式，将废弃物的回收扩展到了消费环节，既实现了保护环境的目标，又将生态文明推到了社会层面，实现了一举两得。

三、实现废弃物无害化处理的财政政策

废弃物的无害化处理是指当废弃物无法循环利用形成新的资源时，为

了避免出现环境污染，而对其所进行的无害化处置过程。相对于实现资源减量化、废弃物回收与利用而言，实现废弃无害化处理要少一些，它主要是通过政府投资与税收优惠政策来实现的。

（一）政府投资政策

政府投资是实现废弃物无害化处理的有效途径。通过政府投资，可以改进废弃物无害化处理的技术，建立废弃物无害化处理的企业，形成废弃物无害化处理产业，一方面实现了环境保护的目标；另一方面也扩大了就业，创造了产值。

（二）税收优惠政策

税收优惠政策具有与财政补贴相同的特点，对于应用废弃物无害化处理的企业，可能通过税收返还的方式实现其外部成本的内部化，调动他们的积极性。

四、实现生态修复的财政政策

生态的破坏非一朝一夕之功，生态的修复也非一时一刻之力。实现生态修复的财政政策主要从加大财政投入、建立健全转移支付制度和构建合理的税费体系等几个方面入手。

（一）加大财政投入

加大财政投入主要包括两个方面，一是增加生态修复领域财政投入资金的数量；二是增加生态修复领域财政投入资金的比例。前者是规模的扩大，后者是结构的调整。

（二）增加转移支付比例

建立健全转移支付制度主要从两个方面入手：一是建立纵横结合的财政转移支付生态补偿机制，一方面由中央向地方转移支付；另一方面也可以实现由发达地区向欠发达地区的转移支付。二是加强转移支付资金的运作和监管，从而提高转移支付的效率，使转移支付能真正落实到生态修复领域里来，同时提高单位转移支付资金的效益。

（三）完善生态修复税费制度

完善生态修复税费制度也需要从两个方面使力：一是开征生态税，通过税收实现外部成本的内部化，引导微观经济主体正确的评价、实施生态修复行为。二是合理利用税收优惠政策，通过价格的传导机制，实现微观经济主体通过自由选择，实现生态修复行为。

综上所述，以环境保护为导向的促进生态文明发展的财政政策是通过资源的减量化、废弃物的再回收与再利用、废弃物的无害化处理、生态修复等四种途径来实现的。而这四种途径不是并列的关系，有先有后，有主有次。资源的减量化是第一步，废弃物再利用和循环利用是第二步，废弃物的无害化处理是第三步，生态修复是第四步，四者是逐层递进的关系。财政政策对其的介入也是逐层推进，步步为营，最终形成一个体系，以达到促进以环境保护为目标导向的生态文明的发展的目的。

第四章

我国促进生态文明发展的财政政策

第一节 我国促进生态文明发展的财政政策的历史

自20世纪90年代逐步引入“生态”理念以来，我国相继提出了坚持可持续发展、走新型工业化道路、坚持科学发展观、构建社会主义和谐社会、建立节约型社会、“两型”社会等一系列重大战略举措，同时实施了循环经济、低碳经济、新能源经济等一系列的经济发展模式。实事求是地讲，就我国国情而言，我国仍是处于社会主义初级阶段，人口众多、资源紧缺，生态文明等问题的解决尤为迫切。然而，无论从资源条件还是从资源利用来看，我国与发达国家之间都存在着较大差距，尤其是随着经济总量的逐步增长，现有的资源储备已经不能完全支持国民经济持续快速发展，因此，我国必须走出一条具有中国特色的可持续发展道路，努力促进生态文明发展，推动经济高速持续增长。在这条道路的发展过程中，财政政策对其影响可以分为四个阶段。

一、萌芽发展阶段（1993年以前）

1993年以前，在全球环保潮流的影响下，我国开始意识到可以通过技术改造来最大限度地把“三废”减少在生产过程中，这种观念在实际生产中已经具备了生态文明的萌芽。例如，废钢铁等金属的回收利用，化工企业的相关产业链体系，高炉煤气作为生活和生产用能等。尽管如此，废品、垃圾的回收与利用虽然曾经在较大程度上减少了人类活动对资源与环境的消耗，但是生态文明运行模式仍处于探索阶段。

萌芽发展阶段的生态文明发展，我国通过财政政策对其支持的措施很少。财政支出中只有企业挖潜改造资金与科技三项费用和生态文明有一定的联系，财政收入中与生态文明有联系的税种包括城镇土地使用税、资源税、车船使用税、和工商税等税收行为。工商所得税和工商税规定，对于企业以废渣、废液、废气等“三废”或其他废旧物资作为主要原料生产产品所取得的销售收入和利润给予定期免税的政策。这些税种虽然从保护矿产、土地等自然资源，提高车辆及船舶等能源消耗产品的使用效益的角度推动了生态文明发展，但是，由于此时生态文明运行模式仍处在探索阶段。因此，在其设置之初，这些财政配套措施，无法形成体系，自然而然也就无法对生态文明的发展起到突出的作用。

二、注重生产阶段（1993～2002年）

20世纪90年代以后，随着我国经济总量地不断增长，经济发展与生态环境的矛盾日益加剧，环境问题日益突出，社会各界开始对过去先污染后治理的环境保护方式进行反思，其一致的观点是通过这种发展模式，污染问题根本无法得到解决，因此，环境污染的治理工作逐步开始由末端治理开始发生转变，逐渐转向为源头治理，这个时候，清洁生产和减少消耗成为了环境保护部门所关注的最重要问题。1993年10月，国家经济贸易委员会、国家环境保护局在上海召开了第二次全国工业污染防治会议，其主题是通过贯彻“预防为主、防治结合”的方针，积极推行清洁生产，实现生产领域的生态文明。1999年，我国出台了《中华人民共和国清洁生产促进法》（草案），进一步推进了清洁生产工作的有效开展。2003年1月1日，《中华人民共和国清洁生产促进法》正式施行，这对于提高资源利用效率，减少和避免污染物的产生，保护和改善环境，保障人体健康，促进经济与社会的可持续发展，将会起到积极的作用。从清洁生产的实践来看，主要是在农业与工业领域，而有关第三产业的清洁生产技术路径还在逐步探索与发展之中。

1993年6月，党中央、国务院做出了加强宏观调控的一系列重要的决策，主要措施之一就是加快税制改革。1994年，新税制开始在全国实施。此次税制改革包括以下几个方面：首先，全面调整了流转税制，实行了比较规范的以增值税为主体，消费税、营业税并行，内外统一的流转税制；其次，改革了企业所得税、个人所得税；此外，对资源税、特定目的税、财产税、行为税做出了大幅度的调整。在新税制中，增值税、消费税、企业所得税、资源税、城镇土地使用税、车船使用税、外商投资企业和外国企业所得税、城市维护建设税、耕地占用税、固定资产投资方向调节税等税种都与生态文明的发展有着紧密的联系。除税收政策以外，这一阶段支出性财政政策也为发展生态文明提供了有力的支持，保护环境的资金大幅增加。

三、逐步试点阶段（2002～2012年）

2002年以后，生态文明的理念已经开始为人们广泛接受，对于生态文明的理论研究和实践不断深入。从2002年的新兴工业化的角度认识生态文明的发展意义，到2003年的将生态文明纳入科学发展观，确立物质减量化的发展战略，再到2004年，提出从城市、区域、国家等不同层面大力发展生态文明，国家环保总局在有关方面逐步开展了生态文明的试点工作。

2005年以后，我国又对现有税收制度进行了一系列的调整和改革。这次税制改革逐层展开，循序渐进。就税制改革的指导原则来看，环境保护作为其中一项重要的原则加以强调，这一原则在消费税、企业所得税、耕地占用税、城镇土地使用税等税种的改革中切实得到体现。同时，财政投入用于生态文明的措施也在逐步规范。由此可见，政府通过进一步的财政体制改革，调整了宏观调控措施，从而推动环境保护和生态文明在全国范围内普遍开展。在我国，生态文明正由一种理念稳步转变为现实。

四、全面布局阶段（2012年至今）

2012年，胡锦涛同志在党的十八大报告中提出，大力推进生态文明建设。建设生态文明，是关系人民福祉、关乎民族未来的长远大计。这是第一次在党代会的报告中对生态文明系统全面展开论述。把生态文明纳入社会主义建设的总体布局，是新时期党和国家对生态文明建设重要性的深刻认识和对环境保护和资源节约工作的高度重视。在这一阶段，我国生态文明问题日益突出（如表4－1所示），促进生态文明发展的财政政策主要表现在如下方面：一是推进资源税改革。一方面扩大资源税从价计征范围；另一方面规定转让无形资产税目增设“转让自然资源使用权”子税目。二是完善消费税制度，将部分过度消耗资源、污染环境的产品纳入到征税范围之中。三是进一步推进环境保护税法立法工作。

表 4-1　　2013 年中国环境污染十大事件

顺序	污染事实	时间	地点
1	河北精信污染造就酸水河遭环保局立案仍排污	2013 年 3 月	河北衡水
2	阳光华泰污水排河道村民称浇地一次绝收三年	2013 年 6 月	山西河津
3	芜湖美佳新材料污水排长江环保局已查仍排污	2013 年 11 月	安徽繁昌
4	金昱元化工污水肆意倒碱性溶液污染地下水	2013 年 6 月	宁夏青铜峡
5	青山钢铁两企业酸性污水排瓯江村民患癌	2013 年 11 月	浙江青田
6	银河铝业酸性污水排曹娥江烟雾扰民多年	2013 年 11 月	浙江嵊州
7	马鞍桥矿业尾矿库违规堆放渗漏污染地下水	2013 年 6 月	陕西周至
8	赤峰金剑铜业烟尘污染周边居民血铅超标	2013 年 9 月	内蒙古赤峰
9	赤峰九联煤化黑烟滚滚屡遭投诉不改	2013 年 9 月	内蒙古赤峰
10	乌拉山化肥公司排污整片湖水变“红海”	2013 年 6 月	内蒙古乌拉山

资料来源：作者根据中国经济网环保频道资料整理而得。

第二节　我国促进生态文明发展的财政政策的现状

一、我国促进生态文明发展的支出性财政政策

（一）财政投资支出

随着我国环境与资源形势的日益严峻，政府部门对生态文明领域越来越重视，就财政资金而言，以环保投资为例，根据 2000 ~ 2012 年数据分析，其规模上呈现出以下几个方面的特点：一是财政环保投资规模在逐年增长（如表 4-2，图 4-1 所示），从 2000 年的 1 060 亿元增长到 2012 年的 8 253 亿元。二是通货膨胀影响，2009 年财政环保投资规模增长最快，达到 47%（如表 4-2 所示）。三是财政环保投资占 GDP 比重较低，2000 ~ 2012 年最高也未超过 1.6%（如表 4-2 所示）。

表 4－2　　中国环保投资总量及年增长率表（2000～2012 年）

年份	环保投资（亿元，当年价）	年增长率（%）	环保投资占同期 GDP 比重（%）
2000 年	1 060	4. 339622642	1. 07
2001 年	1 106	23. 59855335	1. 01
2002 年	1 367	19. 01975128	1. 14
2003 年	1 627	17. 33251383	1. 2
2004 年	1 909	25. 09167103	1. 19
2005 年	2 388	7. 453936348	1. 29
2006 年	2 566	31. 99532346	1. 19
2007 年	3 387	32. 56569235	1. 27
2008 年	4 490	0. 779510022	1. 43
2009 年	4 525	47. 04972376	1. 33
2010 年	6 654	6. 913134956	1. 66
2011 年	7 114	16. 01068316	1. 5
2012 年	8 253	—	1. 59

资料来源：中国科学院可持续发展战略研究组：《2013 中国可持续发展战略报告》，科学出版社 2013 年版，第 115 页。

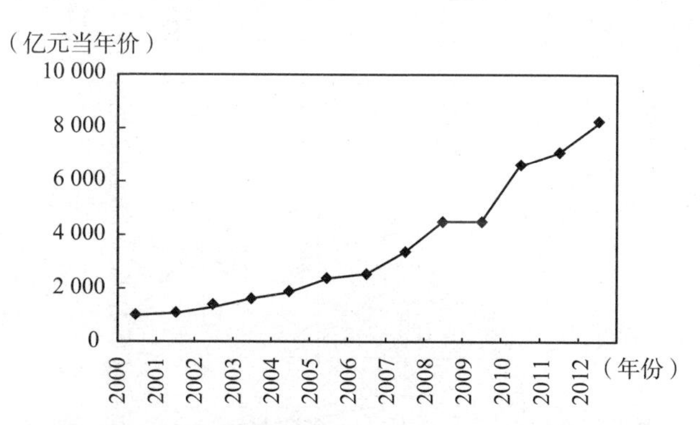

图 4－1　中国环保投资变化趋势（2000～2012 年）

资料来源：中国科学院可持续发展战略研究组：《2013 中国可持续发展战略报告》，科学出版社 2013 年版，第 115 页。

就我国生态文明领域的投资结构而言，以 2013 年全国公共财政对节能环保支出决算数据为例，其特点如下：一是财政资金分散，仅从给定数据来看，涉及 16 个子目录；二是财政资金分配不均，最高的污染防治为 904. 79 亿元，最低的已垦草原退耕还草（款），仅为 0. 04 亿元（如表 4－3 所示）；三是财政资金重点在环境领域，环境领域的资金总是接近 70%（如图 4－2 所示），与本书第二章中所谈到环境保护导向相符。

表 4 – 3　　2013 年全国公共财政对节能环保支出一览表

项目	财政资金投入（亿元）
环境保护管理事务	165.96
环境监测与监察	43.85
污染防治	904.79
自然生态保护	224.63
天然林保护	175.22
退耕还林	284.53
风沙荒漠治理	38.99
退牧还草	24.37
已垦草原退耕还草（款）	0.04
能源节约利用（款）	682.04
污染减排	327.41
可再生能源（款）	197.06
资源综合利用（款）	87.82
能源管理事务	6.72
其他节能环保支出（款）	271.72
节能环保（总额）	3 435.15

资料来源：根据财政部网站《2013 年全国公共财政支出决算表》整理。

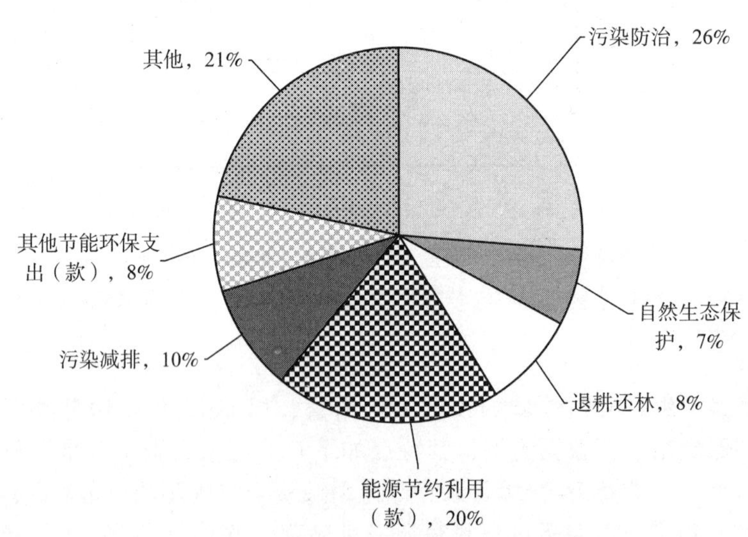

图 4 – 2　2013 年全国公共财政对节能环保支出比例

资料来源：根据财政部网站《2013 年全国公共财政支出决算表》整理。

（二）政府采购支出

随着人类活动的日益频繁，对环境造成的负面影响也越来越大，人类在不断开发自然资源、发展经济的同时也逐渐意识到一个和谐的自然环境对于自身长久发展至关重要。在环境领域，“绿色之风”席卷全球；而在经济领域，减排减污也成为人们在做出重大经济决定时的一大考虑。将环境与经济结合起来，在生态文明领域，政府采购领域绿色采购这一概念也应运而生。

“绿色采购”是指政府通过庞大的采购力量，优先购买对环境负面影响较小的环境标志产品，或选择对环境污染较小的企业生产的产品，促进企业环境行为的改善，从而对社会的绿色消费起到推动和示范作用。由于每年政府采购数量的巨大，政府购买方在采购中的选择标准无疑是影响企业生产的重要指挥棒。

目前，“绿色采购”已经成为各国的一致共识，例如，国外采取绿色清单法、绿色标准法、绿色优惠法、绿色权值法、绿色成本法等多种方法来实现政府采购的“绿化”，欧盟已经颁布了《政府绿色采购手册》以指导、协调其下各成员国确保在政府采购的同时保护环境；美国总统令则先后规定了各种政府采购绿色清单，制订了详细的能源计划，对政府采购的绿化进行了极其详细的规定；日本颁布了《绿色采购法》并制订了年度绿色采购计划。

在我国，随着科学发展观的提出，构建资源节约型、环境友好型社会已经成为国人的共识，而生态文明也走向人们的视野。科学发展观、“两型”社会、生态文明强调在发展的同时尽可能地减少给子孙后代带来的负担，政府应该成为贯彻落实这一要求的主体，尤其是在政府采购中要突出绿色消费这一主题。我国绿色政府采购政策经历了一个逐步建设和发展的进阶过程，具体内容见表4-4。

表4-4　政府绿色采购政策进阶表

政策年份	政策内容
2002年	颁布了《中华人民共和国政府采购法》，其第9条明确规定政府采购的保护环境目标为“政府采购应当优先采购高科技和环境保护产品，促进环保企业的发展阶段，保证经济的可持续发展。”

续表

政策年份	政策内容
2004 年	财政部与发改委颁布了《节能产品政府采购实施意见》，明确要求政府采购应当优先采购节能产品，成为我国第一个政府采购促进节能与环保的具体政策规定
2005 年	颁布《关于落实科学发展观加强环境保护的决定》和《关于加快发展循环经济的若干意见》，明确要求实行绿色政府采购
2006 年	环保总局和财政部联合发布了《环境标志产品政府采购实施意见》和首批《环境标志产品政府采购清单》，对绿色政府采购的范围、绿色政府采购产品成本清单、工作程序以及具体管理办法和晴雨表都提出了明确要求，标志着我国绿色政府采购制度的正式实施
2007 年	增加公布了政府强制采购的包括双端荧光灯和自镇流荧光灯在内的 9 类节能产品。
2008 年	对环境标志产品政府采购清单进行了调整，发布了第三批清单。第三批清单共有 19 个产品成本类别，进入清单的企业达到 760 家，产品型号 7 000 多个
2012 年	民政部、财政部联合印发《关于政府购买社会工作服务的指导意见》，要求重点围绕城市流动人口等个性化、多样化社会服务需求，组织开展政府购买社会工作服务
2013 年	国务院办公厅印发《关于政府向社会力量购买服务的指导意见》，提出到 2020 年要建立比较完善的政府向社会力量购买服务体系
2015 年	《中华人民共和国政府采购法实施条例》已经 2014 年 12 月 31 日国务院第 75 次常务会议通过，现予公布，自 2015 年 3 月 1 日起施行

资料来源：根据财政部网站信息整理，http：//www. mof. gov. cn/xinxi/。

大企业往往是资本密集型或资源密集型，一方面由于在市场上的垄断地位其往往在资源的利用上竭泽而渔，资源使用效率低下；另一方面大规模排放行为较多，常常导致对环境的破坏程度大，由此带来的环境污染以及资源枯竭都具有严重的外部不经济性。此外，为了招商引资，当地政府往往会给予大企业一些排污方面的“特权”和“承诺”，为了留住当地大企业，对其的监管也远没有对小企业那么严格，实际中各级政府对大企业的各种排污行为往往是睁一只眼闭一只眼，即使是接到投诉后对其的处罚也是如蜻蜓点水般，难以形成真正的威慑力，受以上因素影响，大企业往往没有动力减少排污；相较而言，小企业是小规模生产，对环境的污染程度大大减少，对资源的要求也远没有大企业要求那么多，为了满足当地环保要求、保证自身生存必将竭尽脑汁。从这一角度来看，小企业的生产适应了人类保护环境的要求。运用政府采购手段扶持中小企业是践行绿色采购的一种有效手段，也是环境保护政策在实践中的一种具体体现。我国目前正在大力提倡构建资源节约型、环境友好型社会，实现这一构想的重要途径之一就是制定供应商的准入门槛和绿色标准，体现对中小企业的采购倾向性。

（三）财政补贴

目前，我国关于生态文明领域的财政补贴形式主要有三种，最主要的形式是从中央到地方各级政府预算支出的生态文明财政专项资金，以企业申报和项目资金的形式扶持企业进行生态文明建设和技术、设备改造；第二种形式是规模很小的奖励支出，主要对符合环保标准，在节能减排方面成绩突出的企业给予相对有限的财政资金奖励；第三种就是对消费者的消费行为进行的直接补贴如家电下乡补贴、新能源汽车补贴等。项目资金作为财政补贴的主体部分，的确发挥了一些重点扶持、以点带面促进生态文明发展的作用。

税式支出其实是一种变相的财政补贴，换句话说，节税也是补贴的一种形式。在资源、环境、生态领域，我国也出台了一系列的财政补贴或税式支出政策。

（四）财政信贷支出

就我国而言，财政信贷支出也是财政政策促进生态文明发展的重要组成形式。而现实的过程中通常而言，财政信贷支出主要通过两个方面来实现。

1. 进一步完善支持生态文明发展的信贷体系

一方面，通过财政贴息等手段，引导各类金融机构对有利于促进生态文明发展的重点项目以及能减轻环境污染的设施给予低息贷款。比如，政府可以借鉴日本的经验，联系金融部门，对于发展绿色技术，积极实施生态文明的企业提供低息甚至无息的贷款，从而使企业可以大胆地进行绿色技术创新，而不必为贷款的本息归还期限而发愁。另一方面，通过政府贷款担保、税前还贷等优惠政策，建立政府发展基金，对生态型企业实行融资倾斜。除此以外，通过实行贷款利率浮动，通过对生态文明产品和污染品的利息差别对待，鼓励其在各行各业大力开发应用与生态文明相关的技术和设备，不断提高生态文明在我国整体经济结构中的比重。

2. 大力培育和发展资本市场，拓宽生态文明项目融资渠道

拓宽生态文明速效渠道，具体应该从以下几个方面入手：一是优先支持符合发展生态文明要求的企业上市融资；二是优先核准符合发展生态文明要求的企业和建设项目发行债券；三是组建生态文明产业投资基金；四是利用其开放融资、共担风险的优势，面向社会筹集大量资金。

二、我国促进生态文明发展的收入性财政政策

面对日益恶化的生态环境，我国采取了一系列收入性财政政策促进生态文明发展。主要包括税收政策和收费政策。

（一）税收政策

1. 增值税

1994 年，增值税在我国开始普遍征收。现行的增值税中有以下几个方面的激励性环境税收优惠政策：（1）免税政策，如销售再生水、翻新轮胎等自产货物；（2）即征即退政策，如销售以垃圾为燃料生产的电力或者热力等；（3）即征即退 50% 的政策，如对以退役军用发射药为原料生产的涂料硝化棉粉实行该政策；（4）先征后退政策，如销售自产的综合利用生物柴油。

2. 消费税

在 1994 年税制改革中，消费税是流转税制中新设置的税种。这一税种从众多的消费品中选择部分消费品征收。2006 年，我国就消费税税目进行了调整。这次调整从生态文明的理念出发，增设了木制一次性筷子、实木地板等税目，体现了对自然资源的保护。

消费税中与环境相关的能源和能源相关产品主要有汽油、柴油、汽车轮胎、摩托车和小汽车五大类，其中汽油和柴油是直接能源产品，而汽车轮胎、摩托车和小汽车可以视为能源产品的互补产品。从理论上讲，对汽车轮胎、摩托车和小汽车以征收消费税手段限制其消费可以间接起到抑制汽油、柴油等能源产品消费增长的作用，或者降低 GNP 的能源消费弹性系数。从环境意义上讲，抑制机动车的消费可以在一定程度上控制汽车尾

气污染，直接缓解城市交通发展对大气氮氧化物污染的压力。2006 年 3 月和 2008 年 8 月对汽车消费税税率作了调整，根据汽车的类型和排气量的大小实行差别比例税率，利用差别税率鼓励使用节能、环保型轿车。

随着消费水平的提高，国家不断调整和完善消费税，以更合理地引导消费方向，调整产品结构，但在具体实践中仍存在一些问题。

（1）征收范围较窄。如一次性塑料袋、电池、煤炭等易给环境带来污染的产品未被列入征税范围。这些消费品在使用时会对环境造成很大的污染，西方国家均已将其列为征税产品。尤其是煤炭，严重污染了我国的环境，理应列为征税对象。

（2）税率偏低。尽管与 1994 年税制改革前相比，我国汽油和柴油的税收负担分别增加了 17.72% 和 12.66%，[①] 但仍低于国际水平。比如，OECD 成员国的汽油税负约为总价格的 50% 以上，而在我国，这一比例仅为 24.1%。世界银行中国局局长杜大伟曾说：中国对石油产品的征税率非常低，仅为 2.5 美分/升。

3. 资源税

资源税的征收目的主要在于对资源在开采条件、资源本身优劣和地理位置等方面存在的客观差异所导致的级差收入进行调节，从而使资源开发者能在大体平等的条件下竞争，同时促使开发者合理开发和节约使用资源。

我国资源税于 1984 年 10 月 1 日开征，它是以重要资源品为课税对象征收的一种税，旨在调节资源级差收入。从表 4－5 可知，我国资源税征收额虽然逐年增长，且增长幅度较大，近两年增长率均超过了 40%，但是占税收总收入的比重依然较低，最高比例也只有 0.66%。

表 4－5　　2002～2011 年资源税收入与税收总收入情况

项目	2003 年	2004 年	2005 年	2006 年	2007 年	2008 年	2009 年	2010 年	2011 年
资源税收入（亿元）	83.1	99.1	142.6	207.3	261.2	302.8	338.2	417.6	595.9
资源税增长率（%）	10.65	19.25	43.9	45.37	26.05	11.72	23.45	42.7	42.7
税收总收入（亿元）	20 017	24 166	28 779	34 810	45 622	54 224	59 522	73 211	89 738

① 邵稳重：《中国环境保护税费机制研究》，中南财经政法大学博士学位论文，2009 年，第 46 页。

续表

项目	2003年	2004年	2005年	2006年	2007年	2008年	2009年	2010年	2011年
资源税占税收收入的百分比（%）	0.42	0.41	0.5	0.6	0.57	0.56	0.57	0.57	0.66

资料来源：根据《中国统计年鉴（2004～2012）》计算而得。

在中国现行税制框架中，资源税仅是一种级差资源税，征收的标准是差额税额标准，征收的范围仅限于矿产资源和盐等。应税矿产品包括原油、天然气、煤炭、金属矿产品和其他非金属矿产品等。具体税目和税额幅度见表4－6。

表4－6　资源税税目和税额幅度表

税目	税额幅度	备注
1. 原油	8～30元/t	原油指开采的天然原油，不包括以油母页岩等炼制的原油
2. 天然气	2～15元/10^3m^3	天然气指专门开采和与原油同时开采的天然气，暂不包括煤矿生产的天然气
3. 煤炭	0.3～5元/t	煤炭指原煤，不包括以原煤加工的洗煤与选煤
4. 其他非金属矿原矿	0.5～20元/t或者m^3	
5. 黑色金属矿原矿	2～30元/t	
6. 有色金属矿原矿	0.4～30元/t	
7. 盐	2～60元/t	

资料来源：国家税务总局注册税务师管理中心编，《税法（1）》，中国税务出版社2011年版。

4. 其他税种

（1）企业所得税。企业所得税是对在我国境内企业的生产经营所得和其他所得征收的一种税。具体有关环境保护的税收条款如表4－7所示：

表4－7　有关环境保护的企业所得税税收条款

条款类型	具体内容
减免税条款	如企业从事条件的环境保护、节能节水项目等级，自项目取得第一笔生产经营收入所属纳税年度起，给予“三免三减半”的优惠

续表

条款类型	具体内容
减计收入条款	如企业以《资源综合利用企业所得税优惠目录》规定的资源作为主要原材料，生产国家非限制和禁止并符合国家和行业相关标准的产品取得的收入，减按90%计入收入总额
投资抵免条款	如企业并实际使用规定的环境保护、节能节水，安全生产等级专用设备的，该专用设备的投资额的10%可以从企业当年的应纳税额中抵免

综上所述，我国虽然没有完善的环境税制度，但一些具有环境税性质的税收对减少污染、治理环境还是起到了一定的作用。但在实践中，仍存在一些问题，需要改进。

（2）车船税和车辆购置税。征收车船税的主要目的在于为地方政府建设、改善本地公共道路和保养航道提供资金。征收车辆购置税的主要目的在于合理筹集建设资金，以促进交通基础设施建设事业的健康发展。这两种税的设计和实施与车船的实际使用强度（如行驶公里数或汽油使用量）没有直接关系，当然也不直接具有能源与环境方面的意义，但由于大量机动车船的使用与能源消费有关，因此，从政策作用上讲，这两种税间接地构成了一种车船能源消费的代价，有一定的抑制消费的作用。

（3）城市维护建设税。城市维护建设税的征收目的是扩大和稳定城市维护建设资金的来源，加强城市的维护建设。因此，这项税收是一项真正的“绿色”税收，是环境保护融资的一种“专项税”。

1985 年，我国开始征收城市维护建设税，城建税是以增值税、消费税、营业税实际缴纳额计算征收，因而征收范围较广。但如果三税减免的话，也会影响城市维护建设税的征收额。城市维护建设税专款专用，有专门的用途，主要对城市住宅、排水或者防洪等公共基础设施的维护和建设。

由表 4-8 可以看出，我国城市维护建设税税额一直保持增长趋势，但仍然不高，2011 年占税收收入总额的比例只有 3.1%。虽然来源于城市维护建设税的财政收入数额还很低，但是用于环保投资的比例已达到 45%，[①] 它为推广集中供热、处理城市污水和垃圾、改变城市燃料结构等，开辟了稳定的财政资金渠道，故而带有一定的环境税性质。

① 胡子昂：《我国环保税、费制度的现状及完善对策》，载于《特区经济》2007 年第 8 期。

表 4-8　　2003~2011 年城市维护建设税收入情况

项目	2003年	2004年	2005年	2006年	2007年	2008年	2009年	2010年	2011年
城建税收入（亿元）	550	674	796	940	1 156	1 344	1 544	1 887	2 779
城建税增长率（%）	16.8	22.55	18.1	18.06	16.23	14.88	22.21	47.28	47.28
税收总收入（亿元）	20 017	24 166	28 779	34 810	45 622	54 224	59 522	73 211	89 738
城建税占税收收入的百分比（%）	2.75	2.79	2.77	2.7	2.53	2.48	2.59	2.58	3.1

资料来源：根据《中国统计年鉴（2004~2012）》计算而得。

（二）税收优惠政策

为了促进生态文明的发展，我国税收制度中设计了多种关于生态文明领域的税收优惠政策。由于我国将于2015年完成“营改增”的税制改革，因此，本书主要介绍涉及企业所得税和增值税方面的优惠政策。涉及企业所得税关于促进生态文明发展的优惠包括三个部分，具体内容见表4-9。我国关于增值税涉及生态文明的优惠政策形式有减税、免税、即征即退和部分即征即退，主要政策包括六项，具体内容见表4-10。

表 4-9　　企业所得税关于生态文明的优惠政策

减免所得税优惠	资源综合利用所得税优惠	购置环保设备与装置所得税优惠政策
企业从事前款规定的符合条件的环境保护、节能节水项目的所得，自项目取得第一笔生产经营收入所属纳税年度起，第一年至第三年免征企业所得税，第四年至第六年减半征收企业所得税 针对的项目包括公共污水处理、公共垃圾处理、沼气综合开发利用、节能减排技术改造、海水淡化等	企业综合利用资源，生产符合国家产业政策规定的产品所取得的收入，可以在计算应纳税所得额时减按90%计入收入总额	企业购置用于环境保护、节能节水、安全生产等专用设备的投资额，可以按一定比例实行税额抵免。即企业购置和实际使用在《环境保护专用设备企业所得税优惠目录》《节能节水专用设备企业所得税优惠目录》和《安全生产专用设备企业所得税优惠目录》规定目录中的专用设备，其投资额的10%可以从企业当年的应纳税额中抵免，当年不足抵免的，可以在以后5个纳税年度结转抵免

资料来源：《企业所得税法》整理，国家税务总局网站 http：//hd. chinatax. gov. cn/guoshui/main. jsp。

表 4-10　增值税关于生态文明的优惠政策

增值税免征优惠政策	增值税即征即退优惠政策
(1) 自2008年6月1日起，纳税人生产销售和批发、零售有机肥产品免征增值税 (2) 对销售下列自产货物实行免征增值税政策：再生水、以废旧轮胎为全部生产原料生产的胶粉、翻新轮胎、生产原料中掺兑废渣比例不低于30%的特定建材产品 (3) 对污水处理劳务免征增值税	(1) 对销售下列自产货物实行增值税即征即退的政策，以工业废气为原料生产的高纯度二氧化碳产品、以垃圾为燃料生产的电力或热力、以煤炭开采过程中伴生的舍弃物油母岩为原料生产的页岩油、以废旧沥青混凝土为原料生产的再生沥青混凝土、采用旋窑法工艺生产并且生产原料中反问废渣比例不低于30%的水泥（包括水泥熟料） (2) 销售下列自产货物实现的增值税实行即征即退50%的政策；以退役军用发射药为原料生产的涂料硝化棉粉、对烯煤发电厂及各类工业企业产生的烟气、高硫进行脱硫生产的副产品、以废弃酒糟和酿酒底锅水为原料生产的蒸汽、沼气等，以煤矸石、煤泥、石煤、油母页岩为燃料生产的电力和热力、利用风力生产的电力、部分新型墙体材料产品 (3) 对销售自产的综合利用生物柴油实行增值税先征后退政策

资料来源：《增值税暂行条例》整理，国家税务总局网站 http：//hd. chinatax. gov. cn/guoshui/main. jsp。

（三）收费政策

自20世纪70年代末期，我国根据“污染者付费”的原则，开始实施排污收费政策。此政策是针对环境污染物的排放者而言，对其排放污染物的行为按照相关的法律法规和环境标准收取费用，以促使他们减少污染物的排放，加强环境保护和治理工作。

我国《环保法》明确规定：“超过国家规定的标准排放污染物，要按照污染物的数量和浓度，根据规定收取排污费”。全国征收排污费的项目有水、气、固体废物、噪声、放射性废物等五大类共113项。2003年7月1日，新的《排污费征收使用管理条例》开始施行。与旧的《征收排污费暂行办法》相比，新的管理条例有三个明显的变化：一是改变以往对超标、单因子污染物收费的原则，改按污染总量与超标收费相结合的方式收费；二是提高了征收标准，以略高于平均治理成本的原则确定收费标准，按照污染总量实行从量计征，简便易行；三是取消原有排污费资金20%用于环保部门自身建设的规定，明确规定排污费必须列为环境保护专项资金，纳入财政预算进行资金管理，并全部用于污染防治项目的拨款补助或贷款贴息。排污收费制度自20世纪80年代起在中国实施以来，对控制污染物的产生与排放，促进排污单位加强经营管理，节约和综合利用资源，治理污染和改善环境等发挥了一定作用。

在我国，排污收费制度是已经是比较典型和成熟的环境财税政策。经过多年的探索的完善，排污收费制度已对环境治理起到了一定的作用。2012 年，我国排污费收入达到 204.81 亿元，征收额稳步上升。

第三节 我国促进生态文明发展的财政政策存在的问题

当前，我国促进生态文明发展的政策以行政管理手段为主，经济手段为辅。在经济手段中财政政策手段的力度与系统性远远不够，生态破坏与资源浪费问题并没有得到根本解决。尤其是在现行体制下，我国促进生态文明发展的财政政策主要以激励为主，往往集中在某个层面上，从整体来看，有效性大打折扣。对于我国促进生态文明发展领域的财政政策存在的问题，具体来看，主要包括以下几个方面。

一、政策体系尚待完善

从地位来看，现在财政政策并没有形成完整的体系，充其量只是针对事件的临时性政策而已，其政策的目标相对模糊。大多数情况下，财政政策往往是依附于行政管理手段，当行政管理手段缺乏财政支持的时候，财政政策才开始起作用，这种作用处于从属地位，缺乏有效的调研与论证，也缺乏明确的目标，其政策效果很难得到保证。从手段来看，现行的财政政策多以鼓励类为主，相对单一且缺乏弹性。从时效来看，现在的财政政策往往“眉毛胡子一把抓”，没有对临时政策、短期政策、长期政策进行区分，政策的组合性不强。

二、财政投入相对不足

我国在生态文明方面尤其是在生态环境污染治理方面的财政投入明显不足。国际经验表明，当治理生态环境污染的投资额占国内生产总值的比重达到 1% ~1.5% 时，可以控制生态环境污染逐步恶化的发展趋势；当比重达到 2% ~3% 时，说明该国环境质量开始改善（世界银行，1997）。目前，我国环境保护的投入资金相对不足，在保护和治理生态环境的财政投入是偏低的，这种财政投入的状况是很难遏制生态环境不断恶化的趋势，也很难实现促进生态文明发展的目标。

三、政府采购问题颇多

政府采购是促进生态文明发展的财政政策中最重要的手段之一，也是我国财政工作中一个必不可少的环节。从目前来看，政府采购领域存在着许多问题，具体而言，包括以下几个方面。

（一）法律法规不完备

促进生态文明发展的政府采购与传统的政府采购相比，区别较大，在其运行的过程中难免存在着各种利益诉求团体的干扰，因为必须建立完备的法律体系，严格依照依法治国的原则，做到“有法可依，有法必依”。“有法可依”，指的是应该健全有关生态文明的政府采购的法律体系。而“有法必依”，则是指必须依照相关的法律体系执行政府采购活动。目前，我国有关促进生态文明发展的政府采购法律相对零散，没有形成体系，其执行过程大多也只是依照一些原则性指导意见，难以起到实际效果。

（二）人才机构不健全

政府采购是一项系统工程，对于采购人员的素质要求很高，不仅要有相应的专业知识，对于所涉及工程及项目也要存在一定了解，也需要懂一定的环保知识和经济知识，能够在实际经济效益最大化的情况下达到国家规定的环境保护的标准，从而实现生产效益、经济效益与环境效益的统一。目前，我国某些地区、某些部门已经成立了专门的政府采购机构，但由于没有专门的政府采购人员，其政府采购机构很难发挥相应的作用，尤其是在促进生态文明发展的领域。

（三）采购体系不完善

我国目前促进生态文明发展方面的政府采购以“绿色”采购为主，其主要参考标准是所谓的“绿色采购清单”。然而我国的“绿色采购清单”本身存在着许多问题，例如，产品是否符合生态文明的标准，生态文明产品的标准是否严谨，产品涵盖的范围是否足够，生态文明产品的标准是否能反映市场的动态变化等等，这些都是今后我国研究促进生态文明发展的政府采购过程中亟待解决的问题。

（四）信息传递有障碍

促进生态文明发展的政府采购信息传统方面的问题体现在如下方面：一是人员问题。很多政府采购人员虽然对产品与项目的专业知识有一定了解，对于生态文明本身并不清楚，这就造成了在采购的过程中生态文明往往存在着“有目标，无行动”的状况。二是机构问题。目前我国促进生态文明发展的政府采购在各地都处于摸索阶段，各地采购清单、采购方式都相对独立，处于各自为政的状况，一方面造成了大量的浪费；另一方面也无法达到最优的采购结果。解决人员与信息问题的关键在于实现政府采购的资源共享，减少政府采购的信息传递障碍。

（五）民族产品未保护

目前，我国促进生态文明发展的政府采购制度是以实施“绿色采购清单”为特征，而采购清单本身并没有实行“国货优先”的原则，相比较而言，美国至今仍在沿用1933年《购买美国产品法案》，只有在外国产品与美国产品同等情况下价格相差25%时，才允许购买外国产品，而我国这方面的规定存在空白，这种情况一方面会打击本国生产者的积极性；另一方面也会滋生挥霍公款、个人享乐的行为，是极不可取的。

四、税收政策效力不够

就税收政策方面而言，我国还没有真正意义上的生态税，生态文明方面的专门税收更是无从谈起，现行的税收政策只存在生态文明方面的相关税种，而且这些税种的潜能也并未完全挖掘出来，发挥其应有的效力。具体来说，我国税收政策方面的问题表现在以下几个方面。

（一）主体税种“缺位”

随着环境污染地不断严重与资源浪费地不断加剧，我国治理环境与节约资源方面的任务日益艰巨。然而，对于环境保护而言，我国目前并没有针对污染行为和产品课税的专门性税种——环境保护税，只有相应的收费政策予以调节。单纯的收费政策很难对环境污染行为真正起到调控作用，也无法起到环境保护税收收入作为财政收入来源的补充作用。因此，环境保护税的征收势在必行。

（二）工具配置不合理

从我国的目前的情况来看，税收工具的配置主要存在三个方面的问题：一是税种单一，主要集中在增值各领域，所得税方面的调控相对有限；二是方法协同不够，税收扣除、优惠税率、亏损结转、延期纳税、加速折旧、盈亏相抵和优惠退税政策等工具往往各自为政，缺乏统一的运用体系，体现不出税收工具的整体效率；三是涉及的领域主要集中在综合利用和“三废”治理领域，对环境保护的作用不大。

（三）中央成本分摊大

由于增值税与企业所得税是中央地方共享税，而且中央所占的比例相对较大，因此，从成本分摊的角度来看，中央在促进生态文明发展领域所摊的成本也相对较大，而地方所承担的成本却非常有限。而生态文明不仅仅存在全国性的，有时候也存在地方性的，甚至是社区性的，地方政府财政支持的不足或缺位则会使生态文明的发展举步维艰。相对于中央政府而言，其实地方政府所负环境责任其实应该更大，因此，我国目前存在的这种生态文明成本中央分摊大，地方分摊小的局面亟须改变。

五、税收优惠理念不明

（一）没有充分体现生态文明的理念

现行的税收优惠政策在各原则的体现中存在着种种矛盾，如国家对废旧物资回收企业的增值税优惠政策，虽然很大程度上减轻了废旧回收企业与以废旧物资为原料的企业的负担，然而却造成了生产企业的原料利用不足，这是由于回收企业的优惠程度明显高于生产利用企业而导致的。除此以外，对资源综合利用增值税优惠和所得税优惠政策，提高了企业将废旧资源循环利用的积极性，然而却忽视了生产过程中资源的减量化。类似的行为比比皆是，贯彻循环经济的原则要首先理解生态文明的含义，同时理解三种原则的次序，首先以减量化为主；其次是再利用；最后是再循环，这对于今后的促进生态文明发展的财政政策而言，是一个急待解决的课题。

（二）缺乏系统性和全面性

我国目前促进生态文明发展的税收优惠政策主要通过各种各样的行政规章来进行规定，缺乏系统、全面的规划设计，导致在应用税收优惠政策的过程中存在着不规范的现象，这一现象对于新产品、新材料方面的科技创新而言是相对不利的。目前，促进生态文明发展的税收优惠政策范围相对狭窄，仅仅局限于“三废”的利用与资源节约方面，且税收优惠政策的范围经常调整，其政策的不稳定性也在一定程度上制约了生态文明的发展。

（三）缺乏对税收优惠政策的预算约束机制

我国目前的促进生态文明发展的税收优惠制度，存在着税收优惠的随意性的问题。什么时候优惠，优惠多少，优惠的周期有多长缺乏相应的制度约束。对于一个国家税收优惠政策而言，存在着不同的发展阶段，重点项目的预算控制和全面的预算管理是其最终目标。对于我国而言，选择合理的税收优惠预算方式以及建立科学、规范的税收支出预算制度都是今后工作中必须重点考虑的问题。

（四）环境贸易关注较少

对于税收优惠政策的环境贸易而言，我国也存在着很多问题。一方面，一些发达国家打着环境保护的旗号，进行所谓的新贸易保护主义，设置了许多自己容易达到而他国难以达到的环保技术标准，对我国的产品出口造成了极大的影响，我国已经成为“绿色壁垒”。另一方面，我国对于其他国家的环保标准过低，导致一些国家有意识地将一些污染密集型产业转移到我国。这种现象影响了我国的生态文明发展的进程，加剧了我国生态环境的恶化。因此，环境贸易的税收优惠将成为我们今后工作中的又一课题。

六、税收环节有待调整

税收环节方面存在的问题主要表现在四个方面：一是资源开采和保护环节；二是企业生产环节；三是社会消费环节；四是社会再分配环节。在四个环节中，各有部分税种存在着一些调节方面的问题，具体如下。

（一）资源开采和保护环节

资源开采和保护环节的问题主要体现在资源税与土地课税两个方面。

1. 资源税

1984 年，我国开征资源税。1994 年，我国又通过税制改革扩大了资源税的征收范围，将原来仅以资源的使用征收扩大到资源的级差征收。然而这次的改革并没有考虑到资源节约与环境保护这一重要的问题，没实现企业的外部成本的内部化，从一定程度上鼓励了资源浪费与环境破坏，从而造成资源与环境问题的进一步恶化。因此，现行的资源税收政策无法起到保护环境与资源节约的作用。对于现有资源税，其存在问题具体表现为四个方面：一是征收范围过窄，许多重要自然资源没有纳入其中；二是计税依据不合理，仅用销售量或自用量作为计税依据，而已开发未销售或已开发未使用的资源则没有纳入其中；三是单位税额太低，远远低于废弃物综合利用的成本，也远远低于再生资源投资开发的成本；四是征收机关多为地方税收部门，容易滋生地方保护主义。

2. 土地课税

我国土地课税存在的问题主要表现在以下几个方面：一是以费代税。就我国的国土面积而言，有 960 万平方千米，是世界上国土面积第三大的国家，而我国的土地税收仅仅只有 300 亿左右。造成这一现象的原因并不是我国的土地过于贫瘠，而是我国目前存在土地税收以费代税的现象。土地出让金、土地开发费、土地收益金、土地增值费、土地使用费、青苗补偿费、征地费等各种名目的土地收费通过各种部门分别收取，而大多以非预算的渠道分配使用，造成了以费挤税的现象。二是土地课税缺乏规范性与科学性。目前，我国对土地的课税存在着大量的不合理现象，如中方若以国有土地使用权作为股本与外方进行合资，则合资企业只需要缴纳土地使用税。诸如此类的现象严重侵蚀着我国土地税收的税基。三是土地课税计税依据不完善。目前我国的土地课税主要通过土地的级差收益作为计税依据，它对土地的合理有效使用难以发挥调节作用，而且也容易造成土地的税负轻重不一的现象。

（二）企业生产环节

在企业生产环节，我国所进行调节的税种主要指的是增值税。然而由于增值税本身具有税收中性的特点，其对于环境保护的调节作用比较强，对于资源节约起到的却是抑制作用，具体表现在以下几个方面：一是不利于废旧物资的利用与循环。由于循环利用的原料成本相对较低，因此其生产的产品增值部分相对较高，根据增值税的有关规定，则应缴纳比直接利用资源更高比例的增值税。二是不利于利用废旧物资生产的企业。对于利用废旧物资生产的企业而言，所利用的废旧物资大多没有相应票据，即使取得了相应票据，其抵扣率也往往低于征税时适用的税率，形成高征收低抵扣的状况，与其他非生态文明的生产企业相比，存在着更大的负担。三是现行的增值税优惠往往集中于某些资源综合利用类的项目之上，多数生态文明产品与项目并未纳入其中。四是再生资源利用环节，再生资源与原生资源的税负没有拉开差距，形成合理的税负差。

（三）社会消费环节

在社会消费环节，起主要调节作用的是营业税与消费税。就营业税而言，由于国家政策造成税负不公，使中外合资租赁公司，金融租赁公司以及内资租赁公司按照三种不同的纳税基数进行征税，妨碍了以融资租赁为代表的现代租赁业在我国的发展，人为地压缩了生态文明发展的社会空间。就消费税而言，我国于 1994 年开征消费税，其目的在于抑制当时存在的超前消费。后来，随着经济社会的飞速发展和生活水平地不断提高，原有的消费税所起到的抑制作用十分有限。一方面从范围上来看，消费税的征税范围过窄，许多浪费严重和污染严重的产品没有纳入到征税范围中去；另一方面从力度上看，单位税额过小，不足以对消费起到调节作用。此外，由于消费税从量征收的影响，使得许多消费品的税收没能随着物价的上涨而提升，且无法起到对生态文明的鼓励作用，因此，在消费税中加入生态文明元素也是必不可少的。

（四）社会再分配环节

与其他税种相比，企业所得税在促进生态文明发展方面的规定更为全面，优惠力度也更大。但必须看到，由于生态文明本身的特点，使其大多集中在技术密集型、资金密集型的企业，而对于企业所得税而言，其优惠期限过短，优惠方式也相对单一，这就造成了许多中小企业难以享受到企业所得税带来的优惠。然后大多数生态文明方面的企业从投产到初见收益需要好几年的时间，企业所得税的优惠起到的激励作用相对较小，一旦优惠期过去，企业很可能会重新走上浪费资源、破坏环境的老路上去。此外，由于企业所得税优惠方式单一，仅仅局限于减免税，在实践工作中，往往会缺乏灵活性、针对性和可持续性，削弱其对生态文明的调节力度。

七、收费政策尚需规范

收费政策方面主要存在着以下四个方面的问题：一是机制不合理；二是对象不全面；三是标准不合理；四是使用不规范。

（一）收费机制不合理

目前，我国还没有对排污收费实行统一管理规模，这就造成了各省市依其利益不同，制定出五花八门的排污收费政策，而就排污收费的性质而言，又不是严格意义上的“属地”原则，因此导致了各地排污收费的混乱状况。此外，由于国家环保局规定“四小块”收费由地方环保局直接支配，由于能够增加地方环保局的收益，使得地方环保局对于“四小块”征收积极性非常高，占到征收总额外负担的比重也逐年攀升。

（二）收费对象不全面

现行的排污收费制度没有考虑到污染物的排放总量，对于超过国家或地方标准较多的单位或部门征收排污费时，只对超额排放较多的部分的进行收费，从而导致排污单位或部门仅仅只治理重要的污染物，而忽视其他污染物。

（三）收费标准不合理

目前的排污收费，其收费标准偏低，远远低于排污单位治理设施运行的成本，且还存在“讨价还价”的现象，从“理性人”的角度出发，大多数企业宁可缴纳排污费也不愿意自行治理污染物。除此以外，现在污染收费的项目不全，使得许多危险废弃物、生活垃圾、生活废水及流动污染源并没有纳入到排污收费的项目中来。

（四）收费使用不规范

目前排污费收入主要归到地方财政一级，使得中央财政对于排污费的调控大大削弱。地方环保部门出于自身利益的考虑，大量的资金用于自身福利的建设，使本就有限的环保资金并没有发挥出最大的效益。因此，强化中央财政对排污费的分配职能，并通过分配加强中央财政对地方的调控能力刻不容缓。

（五）收费执行不彻底

行政许可收取的费用应当严格按照“收支两条线”制度，全部上缴国库，不得留做行政机关的经费自用，不得截留、挪用、私分或变相私分。由于我国自20世纪80年代实施财政改革以来，有些地方为解决行政机关经费不足的问题，采取了行政机关执行法律法规、履行法定职责时其所取得的收入可以与财政分成的制度，这使行政处罚和行政许可收费成为了行政机关谋取利益的工具。正是这个原因，行政许可法做出明确规定：行政机关所收取的款项必须全部上缴国库，任何机关或者个人不得以任何形式截留、挪用、私分或变相私分，违反者将依法惩处。

收支两条线制度的实行在实践中又产生了新的问题，也就是行政机关虽然把所收取的款项上缴了财政，但财政部门却可以以种种形式向行政机关返还所收的款项，而且，行政机关上交的越多，财政部门返还的越多。这种做法使行政机关依然可以把行政许可收费当作机关创收的一种手段，客观上刺激行政机关倾向于利用手中的职权以种种形式收取越来越多的费用。“收支两条线制度”的执行必须严格，并由同级监察机关予以监督。

第五章

促进我国生态文明发展的财政政策效应分析

就我国发展的经济发展而言，财政政策在政府部门对经济进行宏观调控的各种政策组合中始终处于十分重要的位置。因此，作为国家重要的宏观调控职能部门，财政部门在我国促进资源节约与环境保护，促进生态文明发展的过程中也起着不可替代的作用。积极地发挥政府采购、税收、财政投资、财政补贴、转移支付、收费等财政政策的各种效应，一方面有利于对那些保护环境与节约资源的经济活动起到促进作用；另一方面有利于对那些损害环境与浪费资源的经济活动起到抑制作用，而且，从整体上来看，对于解决我国目前存在的资源问题、环境问题以及促进生态文明的发展具有十分重要的意义。本章将以马克思辩证唯物主义为指导，以效应分析为基础，两点论与重点论相结合，一方面对按照财政政策的普遍划分原则分别阐述促进生态文明发展的支出性财政政策、收入性财政政策；另一方面对这两个政策体系的典型——政府采购政策与税收政策的效应进行重点分析，对这两大政策体系，如财政投资政策、财政补贴政策、收费政策、发行环保彩票政策以及发行公债政策的效应进行浅显分析，以求分析这些政策对我国经济发展与社会进步的影响，从而达到保护环境，节约资源的目的。

第一节　支出性财政政策效应分析

一、政府采购的效应分析

促进生态文明发展的政府采购政策包括宏观调控效应与微观环境效应

两个方面。就我国而言，从宏观调控效应来讲，包括促进经济稳定增长、促进经济结构调整、促进国际收支平衡以及促进民族产业的发展等四个方面，从微观环境效应来看，存在着对生产者的影响与对消费者的影响等两个方面。

（一）宏观调控效应

政府采购是财政政策的工具之一，也是宏观调控的重要手段，它体现着政府过程与市场过程的统一。一方面，作为政府行为，从宏观上讲，可以起到弥补市场资源配置不足的作用，提供带有公共性或者混合性的产品；另一方面，作为市场行为，又可以调节市场需求，从而起到调节人们经济行为的作用。例如，将环保概念，或者高新技术特征引入到政府采购目录，而且增加诸如此类产品的销量，从而增加这类企业的利润，对增加企业的进一步投资起到催化剂的作用。从资本市场来看，凡是政府支持和鼓励的行业或者企业，从概率上讲，往往表现要好于一般的股票。财政部门是政府采购的执行部门，在完成促进生态文明发展的政府采购工作的时候，起到了具体参与者的作用。而从其宏观调控的效应来看，主要表现在以下几个方面。

1. 促进经济稳定增长

将生态文明品引入到政府采购项目中来，逐步减少以至消除传统产品的采购，能够在一定程度上促进经济的稳定与增长，这是由政府采购本身的性质决定的。

众所周知，社会总需求与社会总供给的平衡是实现国民经济平稳运行的必要条件。在只考虑两个部门的情况下，实现这一平衡的过程中，是不需要政府参与的，也没有政府采购一说。然而，就一个国家而言，政府对经济的影响是毋庸讳言的，换句话说，政府也是市场的参与主体之一，这样，就有了封闭条件下（即不考虑国际贸易条件）三部门参与的经济模型。由于三个部门的存在，社会总需要可分为三个部分，即消费（c）、投资（i）、政府购买（g），根据国民收入的核算理论，国内生产总值（即GDP）$y=c+i+g$。在这一模型中，作为财政购买性支出之一，政府采购是政府参与市场的重要方式。即政府作为政府采购的主体，可以面向市场以一定方式（如指定购买生态文明产品）选择厂商，购买所需的产品或劳务。从静态的角度讲，政府采购过程中花费的资金是政府部门运行的直接成本，从动态的角度看，政府采购也是政府部门履行其职能的一个重要过程。生态文明产品是政府采购的重要内容之一，从某种意义上讲，它影响着政府采购，也影响着政府的购买性支出，并通过购买性支出的增减影响着国内生产总值 y 的增减。由于“乘数效应”的存在，增加生态文明产品的政府采购，可以增加政府的购买性支出，并成倍的增加国内生产总值（y）。反之，减少生态文明产品的政府采购，可以减少政府的购买性支出，并成倍地减少国内生产总值。因此，政府可以通过生态文明产品的政府数量的多少来调节经济的运行，从而实现经济的稳定增长。即当经济繁荣的时候，总需求大于总供给，政府部门可以减少生态文明产品的政府采购数量和金额，从而抑制经济的增长，使人们远离通货膨胀的痛苦。反之，当经济萧条的时候，总需求小于总供给，政府部门可以增加生态文明产品的政府采购数量和金额，从而刺激经济的增长，使人们逃离失业的折磨。由于相机抉择的财政政策，生态文明产品的政府采购措施较好地起到了实现经济稳定增长的作用。

2008 年，受美国次贷危机影响，我国经济出现下行风险。2009 年 3 月，时任的温家宝总理在全国人大政府工作报告上提出 4 万亿元刺激经济发展的计划，短期内对经济的发展起到了极大的促进作用。受政府财政投资的影响，消费、投资得到了极大的刺激，股市也由 2008 年 10 月的 1 664.93 点，短短 10 个月的时间，上升到 2009 年 8 月的 3 478.01 点。在这一刺激计划中，如果加大有关生态文明采购比例，不仅能够刺激经济的发展，另外也能实现保护环境，节约资源的目的。

2. 促进经济结构的调整

纵观世界主要发达国家，经济的发展无一不经历着从重增长数量到增长质量这一过程的转变。近几年，我国挤身世界 GDP 第二的位置，经济总量的提升也面临着这一无可回避的问题，即经济增长方式开始向重质量转移。那么如何重视经济发展的质量呢？首要的问题是调整经济结构，即从部门、区域、产业的角度实现经济结构的优化。作为政府调节经济的重要手段，政府采购在调整经济结构的过程中，起着不可替代的作用。通过政府采购，可以促进支持部门、地区、产业的发展，实现对某些特殊部门、地区、产业的支持。生态文明产业是我国未来经济发展的重要方向之一，因此，政府部门可以通过政府采购政策对产品结构的调整、对产业结构的调整以及对生产要素结构的调整来实现生态文明产品在数量和质量上的提升。具体而言，在政府采购的过程中，可以增加生态文明产品的采购种类，扩大生态文明产品的采购规模，加速生态文明产品的采购频率来通畅地向社会传递政府的政策信息，达到鼓励生态文明发展的目的。

3. 促进国际收支的平衡

随着经济全球化和区域集团化进程的进一步加深，与国内收支平衡相比，在影响国民经济稳定增长的因素中，国际收支平衡与实现物价稳定、充分就业、经济稳定与增长同样重要。因此，在开放的条件下，一个国家要实现经济稳定与增长，就需要借助一些政策工具（如汇率、利率等）对其国际收支进行调控。在各类政策工具当中，财政政策是不可或缺的。而政府采购部门又是财政机关的重要组成部门，起着不可低估的作用。因此，在政策的实施过程中，可以将生态文明产品列入政府采购的对象，一方面可以限制某些国家对我国的污染出口；另一方面也可以激发国内厂商的竞争热情，在满足内销的同时，通过公平竞争，在优胜劣汰的进程中将其生态文明产品打入国际市场，赚取大量外汇。

近年来，国际经济形势日益严峻，西方发达国家非关税壁垒增多，在环境保护等生态文明领域也设置了一定的“门槛”。就我国而言，一方面要为达到标准而努力；另一方面也可以“礼尚往来”，在保护民族工业的基础之上，进一步设置一些生态文明方面的标准或规定。

4. 促进生态文明产业的发展

由于成本过高等原因的存在，面对激烈的市场竞争，如果完全实行贸易自由化，那么生态文明产业势必会受到冲击。因此，政府在发维护市场经济秩序的同时，也应该给予生态文明相关产业一定的政策支持。

第一，在参与市场经济竞争过程中，政府采购可以向生产文明产品的企业实行一定的倾斜政策，一方面可以提高生态文明产品的市场总量，淘汰资源浪费、环境污染产品；另一方面，也可以通过政府采购，增加国内相关厂商的生态文明产品采购数量，支持国有生态文明品牌，从而在国际市场上提升我国生态文明产品的竞争力。第二，在司法领域，可以加快政府采购大宗项目的立法，从法律层次上促使生态文明企业通过各种手段提升核心竞争力，从而使生态文明产业走上良性发展的轨道。第三，对某些特殊商品的供应商加以限制。政府采购物品存在着一些涉及资源极度浪费，环境严重污染等的项目，因此，政府必须对参与竞标的厂商和商品进行严格的评定，在保证项目完成的情况下尽可能考虑到生态文明的因素。

综上所述，政府采购是一种能够在宏观层面上引导各经济主体采取有效的经济行为，使政府向社会传递其政策意图，从而维持国民经济的健康、持续地发展的制度。在生态文明领域更是如此，因此，对我国政府部门而言，尤其是财政部门而言，要加强政府采购政策的引导，尤其是采购目录上可以直接或间接添加关于生态文明内容的条款，从而在实现宏观调控的同时，引导生产者的生产行为，促进生态文明产业的发展。

（二）微观环境效应

1. 对生产者的影响

生态文明产品的政府采购一方面增加了市场上生态文明产品的需求量，同时也增加了企业的销售额；另一方面由于需求量的增加，企业可以通过规模经济的生产方式，降低生产成本。收入的增加与成本的降低带来的是企业利润的增加。因此，对我国政府部门而言，增加生态文明产品的政府采购能够刺激企业生产生态文明产品的积极性，提高生态文明产品的产量，促进生态文明产业的发展，从而实现资源节约与环境保护的目标。

2. 对消费者的影响

从规模与作用上看，私人采购要远远高于政府采购。如果私人采购者能够响应和跟随政府采购的步伐，那么，生态文明产品的政府采购将能起到事半功倍的作用。在这种情况下，对于广大消费者而言，可从两个方面来响应政府的要求：一是政府生态文明产品的购买证明了生态文明产品的实用性和可接受性，也就是说，政府采购成为了生态文明产品的一种广告，成为了政府对其资格认定的一种标志，使一些消费者从质量认可的角度购买生态文明的产品；二是政府对生态文明产品的采购能够从社会价值领域作出榜样，通过道德约束使一些私人消费者愿意遵守并且购买生态文明产品。

目前，我国政府采购改革逐步深入，一方面招标式采购逐步开始普及；另一方面，为与WTO规则相适应，政府采购的国门也可以向国际市场打开，在这一历史发展的关键时期，如何利用政府采购的有利原则，促进生态文明的全面发展，是摆在执政者面前的一个重要议题。

二、财政投资的效应分析

促进生态文明发展的财政投资主要指的是政府部门对资源节约、环境保护等方面的投资。资源节约、环境保护等方面的投资实际上是一种政策性投资，尽管投资主体有政府（主要是财政部门）、企业、事业单位以及其他社会团体等，但就我国当前的现实来看，政府部门，尤其是财政部门的投资依然是环保投资的主体，其效应除环境效应外，还包括经济效应和社会效应等方面。

（一）环境效应

促进生态文明发展的财政投资的环境效应指的是投入生态文明领域的财政投资活动引起的环境方面的变化。一般情况下，人类活动对环境的影响存在着外部性，而外部性又有正负之分。有些活动存在着正外部性。如你走过私家花园旁边，花园里的花香给你带来了心情的愉悦。有些活动存在着负外部性，如上游化工厂的污染对下游居民生活的影响。财政投资也讲求环境效应，尤其是生态文明领域。因此，从政府决策的层面来看，财政投资要尽可能增加正外部性的投资，减少负外部性的投资，从而在政策的执行过程中起到改善环境的作用。

就我国而言，目前正处于经济发展逐步成熟的阶段，公共需求领域对于环境与资源的要求也越来越高，因此，在财政资金分配的比例上，应该加大环境、资源等生态文明领域的配比。

（二）经济效应

促进生态文明发展的财政投资的经济效应体现在环保投资对经济增长的直接影响和间接影响两个方面。环境污染治理的投资是环保投资的最主要部分。当加大促进生态文明发展的财政投资时，一方面在建设污染治理设施的同时，也提高了治理污染的能力，为改善环境质量提供了前提条件；另一方面它也创造了国内生产总值（GDP），增加了税赋，提供了新的就业岗位，从而拉动了经济的增长。资源节约、保护与改善生态环境的投资以及环境管理的投资对经济增长产生的影响短期内很难看到效益，但是从长期来看，能够通过环境状况的改善促进经济增长以及通过科学技术的进步与有效管理来提高资源利用的效率。

就我国而言，生态文明领域投资的经济效应随着投资绝对规模与相对规模的增长而不断增强。

（三）社会效应

促进生态文明发展的财政投资的社会效应主要指的是从社会的角度来评价该项投资所产生的效果。促进生态文明发展的财政投资产生的社会效应主要表现在以下几个方面：一是增强居民身体素质；二是降低疾病发病率；三是延长寿命与精力充沛时间；四是改善劳动与休息条件。实际上一个人的生活状态基本都与生态文明相关，当然生态转好，环境改善，对一个人的身体素质是有好处的，长期生活山清水秀环境中的人群比生活在各类污染中的人群身体素质要好。同时一方面由于身体素质增强带来的抵抗力的增强；另一方面由于环境改善带来的传染源的减少，生态文明的改善也能减少疾病的发病率，延长人的寿命，增加人的精力充沛的时间。除此以外，促进生态文明发展，还能改善一个人的劳动和休息的环境，使人们获得愉悦的心情。

综上所述，加大生态文明领域的投资功在当下，利在千秋，政府部门，尤其是财政部门应该在适合经济发展的条件下，做好这项工作。

三、财政补贴的效应分析

促进生态文明发展的财政补贴政策是指政府对生态文明产品的生产企业给予的一定补贴。其效应主要包括收入效应、结构调整效应与环境保护效应三个方面。

（一）收入效应

对企业而言，利润的最大化是其发展的核心内容。而生态文明发展的主体也是企业。政府部门为了推动生态文明的发展，首先要提高企业的利润水平。企业的利润水平越高，提供生态文明产品意愿越强。生态文明产品的供给数量与企业的利润水平呈同方向关系。通过对生产生态文明产品的财政补贴，可以增加企业的收入水平进而增加企业的利润水平，从而提高企业生产生态文明产品的积极性。

（二）结构调整效应

促进生态文明发展的补贴政策除了有提高企业收入的作用之外，还具有深化产业结构调整的功能。促进生态文明发展的财政补贴政策的结构调整效应是通过政府所确定的补贴范围来实现的。一旦补贴的范围确定以后，可以改变享受补贴生态文明产品与不享受补贴非生态文明产品在收益上的差别。在利润最大化动机下，企业会减少不受补贴非生态文明产品的生产，增加享受补贴生态文明产品的生产，从而改善当前的产业结构。

（三）环境保护效应

长期以来，人们认为企业的功能只是经济利益的获取。随着生态文明观念的逐渐深化，人们对企业功能的认识已经从传统的产品生产功能演变为资源节约、环境保护等社会利益与生态利益层面上来。因此，促进生态文明发展的财政补贴的重点也定位在了资源节约与环境保护方面。为了实现这一目标，根据前文的分析，尤其以环境保护为财政补贴政策的着力点。由此可见，实施促进生态文明发展的财政补贴政策本质上就是实现环境保护的目标导向，实现经济利益、社会利益与生态利益的协调发展。

就我国而言，财政补贴主要包括价格补贴、亏损补贴、生活补贴和财政贴息。对于生态文明发展而言，价格补贴和财政贴息的效应更为明显。尤其是价格补贴，可以使外部成本内部化，通过市场机制的引导而使微观经济主体改变行为，从不同角度实现促进生态文明发展的目的。

第二节　收入性财政政策效应分析

一、税收政策的效应分析

促进生态文明发展的税收政策，实际上是针对环境的外部不经济问题采取的一种矫正措施。关于环境领域的不经济，通过有收费、确定产权、发放排污许可证等多种办法，税收政策也是其中之一。然而，在具体的实施过程中，不同的国家由于政治、经济、文化、社会、生态的不同，税收政策发挥着不同的作用，同时随着时间的推移，其重视程度也存在着差异化。20 世纪 90 年代以后，有关生态文明的税收政策，作为一种治理污染、保护资源、恢复生态的经济政策，被越来越多的国家和地区所重视，并在实践的过程中不断进行着调整，在调整的过程中，促进生态文明发展的税收的政策的宏观经济效应也不断地突显出来。

促进生态文明发展的税收政策，就是基于发展生态文明的目的而开征的各类税种以及所采取的各类税收政策。根据前文的内容，环境保护是生态文明财政政策的着力点，因此，促进生态文明发展的税收政策一般表现为“生态税收”或“绿色税收”。

促进生态文明发展的税收政策通常表现为三大类：一是直接环境税，指的是针对某项生产或者消费活动所产生的单位废水、废气、废渣等各种液体、气体、固体排放物所课征的环境保护税以及为了保护环境而对某些特殊的资源按其单位所课征的环境保护税。目前我国尚无此类税种的征收，实践的过程中，还需要进一步的试点和论证。二是间接环境税，指的是生产或者消费过程中对于环境产生的外部不经济商品通过课征税款加以调节的政策。在现实的过程中，有些产品或者商品是存在着替代品的，对于生产者或者消费者而言，课程税款意味着产品或者商品的相对价格发生变化。通过对污染环境或者浪费资源的产品或者商品征税，对于“理性”的生产者或者消费者而言，可以通过价格的比较，选择相对价格较低的产品或商品，即选择生态文明的产品或商品。三是环境保护税式支出，即为了保护环境而采取的各类的税收优惠政策。一方面环境保护税式支出可以在减少政府投资和补贴的前提下，发挥政策的导向作用，以便企业积极采取防污治污的措施；另一方面，环保税式支出可以使企业在通过税式补偿，在优胜劣汰的市场竞争中取得相对优势的地位。

促进生态文明发展的税收政策所产生的效应具体包括宏观经济效应与微观经济效应两个方面，前者主要指促进生态文明发展的税收政策对经济增长、公平与效率的影响，后者主要指促进生态文明发展的税收政策对微观经济行为主体产生的价格效应、产出效应与替代效应。

（一）宏观经济效应

1. 对经济增长的影响

根据发展经济学的理论，经济增长通常是由通过国内生产总值（GDP）的增长率来表示，由于经济增长中存在着加速效应和乘数效应，当政府部门增加税收或者减少税收时，国内生产总值会相应的减少或者增加。从这个意义上来看，促进生态文明发展的税收课征将直接减少国民生产总值从而降低经济增长的幅度。但是，对于生态文明而言，资源节约与环境保护带来的是环境改善、资源节约、生态恢复以及相伴而生的可持续发展。可持续发展关于经济增长的度量与传统的经济学理论不同，是用可持续收入来衡量经济的增长。换句话说，增长既要考虑当代的增长，又要考虑代际之间的增长，资产存量的增长是不断延递的，这种延递意味着在研究促进生态文明发展的税收政策时要调整传统的国民经济核算体系，将增长的持续性纳入到国民经济核算体系之中。

促进生态文明发展的税收课征，是各国在经济发展的过程中探索出来的一种行之有效的经济手段，以直接税或者间接税的形式对污染物、产生污染物的产品、可再生资源以及不可再生资源加以课税，同时对防治污染、清洁生产、资源节约、生态修复等行为给予税收优惠，从而降低资源的消耗速度和环境的恶化速度，增加资源的使用价值与环境的货币价值，这样，从可持续发展的角度来看，其未来的可持续收入就会增加，换言之，经济增长的潜力就会增大。因此，在课征有关促进生态文明发展的税收时，一方面可以节约资源、保护环境；另一方面也可以提高经济增长的可持续性能力，使得社会福利得到整体改进，从而实现生态和谐、经济增长与社会发展的综合目标。

2. 对公平的影响

就生态而言，体现着两个方面的作用，一方面体现在资源领域；另一方面体现在环境领域。

就资源领域而言，存在着代内公平与代际公平的区别，代内公平指的是当代人之间的公平，通常用横向公平来表示。代际公平指的是当代人与下一代或下几代之间的公平，通常用纵向公平来表示。由于资源定价的特殊性，其价格仅反映了当代人之前的供给与需求，而下一代或者下几代，即代际之间的需求无法在价格上反映，无法实现代际公平。因此，资源领域存在着定价过低导致滥用的现象，换句话说，当代人会由于资源定价偏低而过度使用资源。通过促进生态文明发展的财政政策的制定或实施，可以通过财政补贴，课税征收、税收优惠等多种不同的方式，对于可再生资源控制其在阈值范围之内，对于不可再生资源减缓其使用的速度，使其在代际之间合理分配，同时也给寻找新的替代品留下时间，通过这些方式在资源领域进行资源再配置，在价格领域既反映当代人的需求，又反映代际之间的平衡，从而起到资源领域配置公平的作用。

就环境领域而言，其公平性主要体现在阈值领域，即环境有一定的自净能力，换句话说，一定的污染是可以自行修复的。但如果突破阈值，则可能使环境丧失自行修复的能力，被破坏的环境自净能力会下降，从而导致在没有外力的干预下，环境被永久破坏。这种破坏不仅对当代人，而且对子孙后代都是不公平的。因此，通过财政政策限制环境污染从另一个侧面来讲，也是社会公平的体现。

3. 对效率的影响

促进生态文明发展的税收课征，能够使环境污染的外部成本内化到生产者的生产成本之中去。当生产者的生产成本提高后，就会将产品产量减少到社会所要求的最优水平，在这一过程中同时达到了减少污染的目的。另外，在生态文明领域，通过税收课征、税收优惠或者财政补贴，也能使外部成本内在化，从而使价格在资源领域发挥作用，使价格能够引导资源优化配置，使经济效益与环境效益有机地统一起来。因此，促进生态文明发展的税收政策能够提高全社会的总体经济效率。具体而言，衡量促进生态文明发展的税收效率有静态与动态之分。

静态效率是指在适当的税率水平下，税收政策能够通过相对较小的成本来达到既定的排放目标。与直接管制、产权制度、发售污染权等其他的环保措施相比，促进生态文明发展的税收政策尽管存在着税率及税额的难以界定的问题，但相对而言，能够以较小的成本来将刺激信号传导给企业，从而获得较为显著的效果。

首先，直接管制有可能由于因信息不真实或信息的不完整而造成资源配置效率的低下，同时又需要支付管理机构高昂的管理费用，因此执行的效率不高。其次，产权制度存在着产权在不同的主体之间的分配问题。如一条河流的产权，是属于排污企业还是周边居民呢？或者各自有一部分？假如不止一个企业或者不只一户居民呢？是按人口比例分配产权还是按生产效益分配产权呢？整体的产权由谁来协调呢？这一系列的问题都使产权制度难以在环境污染领域难以适用。最后，发售污染权虽然是一项成本较低的环境保护措施，但由于审批权的存在，权力导致腐败，在污染权的发售过程之中有可能会形成“权力寻租”的现象，如何有效的监督权力又成为新的问题。因此，从静态效率的角度而言，促进生态文明发展的税收政策明显比其他环保措施更具有优势。

动态效率是指促进生态文明发展的税收政策对污染生产者持续的刺激作用。当企业每排放一单位污染物时，就不得不支付一份相应的税款，这样就使得企业不得不减少污染的排放量，与直接管制或其他方式相比，这是促进生态文明发展的税收政策的又一大优势。在直接管制方式之下，达到排放标准的企业继续减少污染量对其而言没有任何益处，因此，它缺乏进一步地减少污染量的动力。而促进生态文明发展的税收政策却可以利用企业追求利润最大化的动机使得企业长期通过各种途径来致力于减少污染排放量。对企业而言，减少污染排放量的途径很多，具体而言包括以下几点：一是可以提高原材料及资源的利用率，减少浪费；二是可以使单位产品或劳务消耗较少的原材料和资源，提升原材料和资源的生产率；三是可以加强管理经营，提高劳动生产率，从而降低产品的单位生产成本；四是可以引进清洁生产的技术，安装污染净化的设备。虽然可采用的途径很多，但无论采用哪种途径，通过税收促进生态文明发展都对生产者的持续刺激作用都是十分明显的。

（二）微观经济效应

1. 价格效应

促进生态文明发展的税收课征会改变生产者与消费者产品或者商品的价格，从而间接影响生产者或者消费的经济行为。对环境污染、资源浪费、生态破坏的行为，通过课征税款，尤其是通过间接税的征收，会直接提高其产品或商品的价格，尽管价格一部分转嫁给了消费者，但对于生产者行为，仍然会导致其销量的减少。价格是调节经济行为的重要手段之一，税收政策正是通过这种方式来调整人们的生态文明行为。

值得注意的是，税收政策对生态文明的行为的影响取决于供给弹性与需求弹性的大小。对生产者的行为，供给弹性越小，则效果越好。对于消费者的行为，需求弹性越大，则效果越好。如果生产者供给弹性较大或者消费者缺乏需求弹性，则促进生态文明发展的税收政策效果并不好。这是由于税收的转嫁的特点决定的。当然，这种情况适用于间接税的征收，如增值税、消费税及营业税等。对于直接税而言，目前我们国家还没有单独的环境保护税，如果出现这个税种，则会直接影响生产者或者消费者的成本，从而导致生产者或者消费者行为的改变，促进环境保护，资源节约，生态修复。

2. 产出效应

促进生态文明发展的税收政策的产出效应是指通过课征税款对于生产

者产品产量的影响。促进生态文明发展的税收课征不仅会对产品的价格产生影响，同时也会对产品的产量产生影响。当对促进生态文明发展的税收课征时，在提升整个行业的均衡价格时，同时也会减少整个行业的均衡产量，对于个别企业而言，促进生态文明发展的税收产出效应则是通过成本分析来确定的。但对于整个行业而言，促进生态文明发展的税收的产出效应，其意义并不仅仅在于污染企业生产量的减少，而在于伴随着生产量的减少而产生的污染的排放量相应减少以及通过价格机制向经济行为主体所发出较强的控制污染刺激信号，这种排放量的减少与刺激信号的发出对资源节约与环境保护而言，无疑是十分积极的。

值得注意的是，促进生态文明发展的税收政策产生刺激作用的前提是税率水平要适当。从理论上讲，由税率产生的税款应该高于企业治理污染的成本，否则就存在企业继续污染相对于缴纳税款收益更多的现实，从而对企业的治污起不到正面影响，或者影响不大。因此，设计适宜的促进生态文明发展的课税税率，会成为调节企业管理经营决策的有力杠杆，特别当促进生态文明发展的税收以污染物排放量或污染企业生产量为税基的时候，治污效果会更好。这种税收政策的执行会促使企业达到排放标准，会促使全社会污染程度降低，会促使资源与环境走上良性循环的道路，最终实现生态文明的伟大理想。

3. 替代效应

促进生态文明发展的税收替代效应，主要包括两个方面：一种主要体现在生产领域；另一种主要体现在消费领域。

促进生态文明发展的税收课征生产替代效应主要指的是通过税收课征，对企业生产者产品结构的影响。由于税收的课征，导致生产者污染成本的增加，从而导致企业生产者在传统生产模式与寻找污染治理之间选择，在生产环境污染品与生态文明品之间重新选择。由于税收的影响，对于传统的污染企业而言，企业的生产成本上升，产品价格上涨，产品的销量减少，利润水平也随之下降。尤其是当其课税以污染性产品作为税基的时候，处于一般均衡中的企业就会在该产品的生产环节寻求替代品，从而调整产品结构，追求利润最大化。毫无疑问，企业的这种寻求替代品，调整结构的行为对于环境保护而言是十分有利的。

促进生态文明发展的税收课征消费替代效应主要指的是通过税收课征，对普通消费者选择消费品而产生的影响。由于税收的课征，导致某些消费品价格出现上涨，由于替代效应的存在，消费者在收入不变的情况下可以在不同的消费品之间作出新的选择，减少应税消费品的消费量，增加非应税消费品的使用量，这就产生了促进生态文明发展的税收课征的替代效应。值得注意的是当直接以消费品或消费品中所含有的污染数量作为税基的时候，替代效应则相对更为明显。通过税收课征引导下的消费者有选择性的消费行为，一方面会减少高污染、高能耗企业的消费品的生产数量；另一方面也会减少流入环境中的废弃物与污染物的数量，从而实现资源节约与环境保护的生态文明税收政策的调控目标。

税收是我国财政收入的最重要的来源，也是进行宏观调整的重要手段。分析不同税种的特点，根据不同税种的效应，对经济领域进行调节是当前，也是未来促进生态文明发展的最重要工具之一。

二、收费政策的效应分析

促进生态文明发展的收费政策效应就是实行该政策措施实现政策目标的程度。就促进生态文明发展的收费政策而言，其实施将会产生一系列政策效应，具体表现在资源配置效应、社会效应等三个方面。

（一）资源配置效应

资源配置效应指的是促进生态文明发展的收费具有经济杠杆作用，对有关违反生态文明要求的行为进行收费可以减少其产品的生产，从而降低其资源消耗的比例。对于社会而言，所有企业资源量的调整则意味着资源的重新配置，使生产者、土地、资源向环境保护产品，生产文明产品方面聚积，使社会资源配置更加优化。此外，由于收费政策可以获得一定的资金，这种资金的使用可以朝着环境保护方面去努力，弥补环境保护资金的不足，又可以进一步促进生态文明的改善。

（二）社会效应

由于收费政策的存在，从而增加生产者或者消费者污染环境的成本，同时也给社会产生了一种示范效应，即通过相关的法律、法规、政策、规定，可以预先知道生产或者污染环境的商品实际上会增加其成本的支出，于是生产者或者消费选择环保品的积极性会增强，久而久之，就会形成一种社会习惯，传递出一种正能量，对于社会而言，就会树立一种保护环境，减少污染的意识，这种意识会对生态文明的改善起到积极的影响。

就我国而言，尽管收费能起到抑制破坏生态文明行为的作用，然而，受政策本身的影响，收费存在着随意性强，标准灵活，且极少纳入财政体系进行管理，间接造成了部分单位或部门利用这一政策特点，私设“小金库”，进行权力“寻租”等滥用职权的现象。

三、公债的效应分析

2008 年，受美国的次贷危机影响，中国的股市从 6 124 点，下跌到 1 600 多点，经济形势下滑明显。在2009 年的“两会”上，中国政府提出 4 万亿元的投资目标，在一定程度上刺激了经济的发展，另外也使中国的地方债务居高不下。从法律上讲，中国地方政府是不能发地方债务的，但现实的情况是，地方政府往往通过政府担保的形式规避国家有关政策发行各类地方债务。尤其是各类开发区，一般情况下是一套人马，三块牌子，分别是机关工委、管委会和投融资公司。通过投融资公司借贷，政府担保，如果投融资公司盈利状况不错，则地方政府没有债务，反之，政府部门则成为了债务的实际承担者。就政府部门，尤其是地方政府而言，通过发行债务的形式发展环保设施，改善公共环境，也是一种不错的选择。其效应主要包括以下几个方面。

（一）融资效应

政府发行债务的前提是财政资金的不足，同时社会存在着闲散的资金，即满足资金的供给和需求两方面的条件。只有这种前提条件存在，地方政府的债务才能形成。换句话说，政府发行债务本身就是一种融资，将社会的闲散资金集中起来，投入到政府希望发展的方向，这就是政府发行债务的融资效应。

从某种意义上讲，政府发行债务的融资效应是存在着一定风险的。政府融资是为了取得回报，只有这样，才能偿还贷款，同时实现地方财政收入的增长。然而，地方政府怎么取得回报呢？通常情况下，首先要搞好基础设施建设，即通过财政投资加大交通、电信、电力等设施建设，同时平整土地，筑巢引凤，为企业进驻创造条件。其次，通过税收优惠减免，降低企业成本，吸引企业进驻，特别是在各地开发区同时招商引资的情况下，这类政府往往存在着一定的竞争性，即税收优惠政策的恶性竞争。搞好基础设施要加大财政投入，税收优惠减免要减少财政支出，那么，地方政府无非是希望进驻的企业做大做强，通过 GDP 的增长带来税收收入的增长，从而提高地方政府的财政收入。但这只是理想的状态。在经济上行时，通过这种方式收回成本，获得收益，增加财政收入是相对比较容易的。在经济下行时，则会出现相反的状态，导致投融资公司无法偿清贷款，最终导致政府走向前台，由担保变成直接的债务人。

尽管如此，就生态文明而言，通过政府发行债务获得融资，尤其是在经济上行阶段，仍不失为一种有效的解决财政资金不足的方式。

（二）代际效应

资源环境领域的问题存在着代际性，资源浪费、环境污染、生态破坏会造成代际间的不公平，其生态文明建设的相关设施、补贴、税收及相关政策也会产生代际的影响，促进代际间的公平。通过建设基础设施，不仅使当代人享受到生态文明的成果，也使后代人享受到生态文明的益处。通过财政补贴，促进生态文明产品的生产或消费，从而间接节约资源，提升环境，改善生态文明的状态。通过课征税款，抑制破坏生态文明的各类行为，从而减少资源的减少，减缓环境的破坏程度。从这个意义上讲，促进生态文明发展的财政政策是可以促进代际之间的公平。

即使实现代际公平，则需要资金在代际之间的分配，通过发行公债，用明天的钱解决今天的问题就成为了无可厚非的事情，通过发行公债促进生态文明的发展就成为了必然。

（三）差异效应

中国地大物博，各地的风土人情，社会背景，风俗习惯各有千秋，其生态问题也各不相同。同时，由于各地的政府财力的不同，治理生态文明的能力也各不一样。在这种情况下，允许地方政府结合本地资源状况、经济发展水平以及国家的产业政策，因地制宜，因时制宜，适度发行促进生态文明发展的公债，可以刺激地方政府因地制宜发展生态文明的积极性。

就我国而言，尽管环境保护公债能够促进生态文明的发展，但就我国目前的政府债务风险而言，需要谨慎对待。

四、环保彩票的效应分析

环保彩票是指一国政府为了保护资源与环境而通过筹集社会资金，按照博彩规则设计发行的印有号码、图形或者文字供人们自愿购买并且按其特点规则取得相应中奖权利的凭证。环保彩票的效应主要表现在：

（一）公益效应

这是环保彩票的最根本属性。政府发行环保彩票取得的全部收入扣除返奖收入和发行成本之后的余额即为彩票公益金。这笔环保彩票的公益金即为发行该彩票取得的收入。环保彩票收入的使用方向主要面向于资源有效利用、生态环境保护与可持续发展，从而能够较好地改善了整个社会的福利状况，以此淡化了彩票的博彩性质，突显彩票的公益性质，并使得社会公益性成为其最为显著的特征。

（二）融资效应

从某种意义上来看，彩票也是一种融资形式，通过发行彩票，可以吸收社会闲散资金，通过一定的彩金及管理成本的扣除，剩余的资金可以在社会公益领域发挥作用。经济学家马歇尔指出，继承、选择、努力和运气是通常情况下一个人收入的重要来源。继承造成的收入不公平是需要限制的，所以在财政政策领域通过转移性支出或税收政策对继承造成的收入差距予以限制。奋斗造成的差距是无可厚非的，也是值得社会鼓励的。选择造成的差距也是应该的，“男怕入错行，女怕嫁错郎”，自己的选择自己承担，也是无可厚非的。运气造成的差距也是无法避免的。正如两个人买彩票，一个人中了五百万，另一个只有“谢谢惠顾”，各安天命，怨不得别人。由于人性的特点，通过彩票可以使人们将闲散资金集中起来，一方面实现社会公益；另一方面也是融资的一种形式。通过建立环保彩票，可以实现环境保护领域的再融资，并通过一定机构，一定手段将彩票资金用于环境保护领域，也是促进生态文明发展的财政政策的又一体现。

就我国而言，“互联网 +”已经开始成为一种时尚，在发行环保彩票的同时，可以与互联网结合起来，在控制风险的情况下，尽可能多的募集生态文明相关资金。

第六章

国外促进生态文明发展的财政政策的经验及对我国的借鉴

在世界各国生态文明财政政策和实践中，国外许多国家都取得了成功。在生态文明财政政策实践方面，世界上出现了许多典型的发展模式。借鉴这些国家成功的经验，对我国促进生态文明发展的财政政策完善具有重要的借鉴参考意义。

第一节　美国促进生态文明发展的财政政策研究

一、美国的环境财政支出的基本情况

美国的环境财政支出在美国的财政支出中占有很大的比重，其环保财政支出在美国的环保工作中起到了举足轻重的作用。随着美国联邦政府环保工作重点领域地不断变化，环保财政支出在不同的时期呈现出不同的结构。美国的环境财政支出主要包括运行费、信托基金、基础设施和分类补助四个方面，其中对基础设施建设方面的支出，尤其空气和水质相关的基础设施建设方面的支出尤为重视。美国环保局单独列示基础设施资金，所占比例较高，一般占整个支出的 30% 左右，个别年度甚至达到了 1/2 以上，这为居民享用安全饮水奠定了坚实的基础，从而大大提高了公众参与环境保护的积极性。

另外，美国很重视环境方面的教育，专门设立了环境教育投入支出，努力发展环境教育事业，这不但增强了公众的环保意识，还培养了个人爱护环境的责任感。美国国家环保局的任何雇员都受过环境方面的高等教育

以及相应的技术方面的培训，超过 1/2 的人都是工程师、政策分析员以及科学家。还有一部分人专门从事环境研究，致力于及时评估环境状况，以确定、了解和解决当前和未来的环境问题。

二、美国的环境税费制度

20 世纪 70 年代，美国开始实施环境税费制度，如今已经形成了相对完善的环境税费体系，主要有对损害臭氧的化学品征收的消费税、汽油税、与汽车使用相关的税收和费用、开采税、固体废弃物处理税、二氧化硫税、环境收入税等，还有很多的环境税收优惠政策。美国的环境税费制度有其自身的特点：第一，征税目的比较明确，如对损害臭氧的化学品征收的消费税就是用来减少氟利昂的排放；第二，税目设置比较广泛，对特定化学品所征收的消费税涉及 42 个税目；第三，所征税收专款专用，美国大部分的环境税收为环境计划筹资，专门设立环境基金，用于与征税项目相关的清洁计划上，从而改善环境质量。正是由于美国这种完善的环境税收管理制度，才取得了很好的环境绩效。一方面环境污染排放减少，减轻了环境压力，提高了环境效益；另一方面，环境的改善也有利于经济的发展，取得了很好的经济效益，节省了公众和政府的开支，公众更加肯定政府在环境治理方面做出的贡献，公众也积极配合政府参与到环境治理之中。

三、美国的环境税制：以环境影响重大的产品为征税重点

美国较早就开始将税收政策手段引入环保领域，几十年来，已经形成了一套比较完善的环境税制体系。美国的税收制度体系的特点是突出重点，主要对那些涉及面广、对环境产生重大影响的产品征税。

（一）对损害臭氧层的化学品征税

此类环境税颁布于 1990 年，并于 1991 年生效。其目的是为了保护臭氧层不受损害，控制破坏臭氧层物质的使用。1987 年签订的《消除臭氧层物质的蒙特利尔议定书》及其修正案中规定了共 100 多种应控制使用的消耗臭氧层物质。美国政府对各种应税化学物质分别制定了计税方法和税率。其中税率是通过基础税额乘以该化学物质的臭氧损害系数得出。

OECD（Organization for Economic Co-operation and Development）报告指出，该税种有效地控制了氟利昂等化学物质的使用[①]。

（二）与汽车使用有关的税收

美国关于汽车使用的税收主要有汽油税、汽车使用税、轮胎消费税、汽车销售税等。美国早在 1912 年就在俄勒冈州开始征收汽油税，之后各州均纷纷效仿。现在由联邦政府和各州政府分别征收。联邦政府征收的汽油税税率为 0.14 美元/加仑，各州的税率差异较大，平均税率为 0.16 美元/加仑。该税的税率每年都会有所提高，总体呈上升趋势。报告显示，汽油税的开征促进了节能环保交通工具的推广，使美国汽车尾气的总排放量约减少了 15%，有效改善了环境质量尤其是空气质量。[②] 同时，该税也是美国政府收入的重要来源，为美国交通的建设和改善提供了有力的财力支持。

除了汽油税之外，美国联邦、各州和地方政府还对与汽车使用有关的商品和行为征税。如卡车、拖车消费税、轮胎消费税、汽车销售税等。

（三）开采税

开采税是美国对自然资源的开采行为征收的一种消费税，目前有超过 1/2 的州开征了该税种。其开征的目的是为了减缓自然资源的开采速度，使资源的开采时间向后推迟，以达到减少环境破坏的效果。该税种主要抑制了处于边际上的资源开采行为，即征税后会使一些开采行为从盈利变为亏损，以此来延缓部分资源的开采活动。开采税类似于我国的资源税，大多数州采用的税率不高，收入比重不大，只占各州税收收入的 1% ~2%。但是开采税的征税范围很广，且包括石油和煤炭等重要自然资源。其中煤炭的税率还分为露天和地下两种，露天煤矿的税率为每吨 0.55 美元，而地下煤矿的税率为每吨 1.10 美元。研究报告证明，该税种的征收在总体上减少了自然资源的开采行为，使开采时间在一定程度上延缓到了未来。[③]

（四）其他与环境有关的税收政策

美国还有其他一些与环境相关的税收政策。如固体废弃物处理的税

①② OECD. Environmental Taxes in OECD Countries. Paris：OECD，1995.

③ Deacon，Robert T. Research trend and opportunities in environmental and nature resource economics. Environmental and Resource Economics，1998，(11)：383 -397.

收，较为普遍的是对固体废弃物再利用行为的税收鼓励，包括投资循环利用等环保设施的税收抵免或免除其购买环节的销售税等。美国还在1972年开征了二氧化硫税，以促使厂商投资安装污染处理设备，同时使用含硫量较低的燃料进行生产。该税法根据二氧化硫浓度的级别设置不同的税率。另外，美国税法中有许多鼓励使用清洁能源以减少污染的税收优惠政策，如购买太阳能、地热能设备，利用可再生资源发电，可以获得一定比例的税收抵免等。①

第二节 日本促进生态文明发展的财政政策研究

一、日本促进生态文明发展的支出性财政政策

（一）绿色政府采购

在日本，作为最大事业者和消费者，政府采购对促进生态文明的发展起着举足轻重的作用，不仅对经济制度的规范，市场经济体系的构建有着良好的示范作用和导向作用，而且也是国家进行宏观调控的重要手段之一。绿色政府采购，就是政府部门利用其庞大的采购系统和采购能力，对环境影响较少的环保标志产品优先购买，从而对整个社会的绿色消费发挥推动作用和示范作用，以促进企业改善其影响环境行为，推动国家生态文明战略的发展以及具体措施的落实。

推动绿色政府采购的关键，就是通过干预和规范各级政府及其所属部门的采购行为，使生态文明型产品在政府采购中占据优先地位，从而为环境产业的发展创造更多的市场需求，以推进生态文明的发展和环境产业进步。

1995年，根据环境基本法和环境基本计划，日本政府制订了《国家作为事业者和消费者，率先实施环境保护的行动计划》，规定国家在政府采购、政府消费、政府建筑物建设和管理领域，都要优先考虑环境保护计划和环境保护的具体措施。同年，日本政府又颁布了《绿色政府运作法

① OECD：《环境税的实施战略》，中国环境科学出版社1996年版。

案》，制定了有关绿色政府采购的原则，并拟定出了具体时间表，要求必须在2000年以前付诸实施。2001年4月，日本政府实施了的《绿色采购法》，进一步明确了政府等单位或部门优先购买环保产品的义务，并采取了以下几个方面主要措施：一是实行环境标识制度，建立完善的绿色政府采购信息网络；二是规定绿色政府采购商品的品种以及评判标准，绿色政府采购商品品种以办公设备、文具和汽车等为对象，在此基础之上，又指定了与公共事业相关的55种绿色政府采购商品；三是要求国家各机关采取各种措施，加强绿色政府采购，公布年度绿色政府采购的实际情况，并赋予环境大臣对这项工作进行监督、督促的权力。2003年7月，日本政府制定了“绿色采购调查共通化协议”，简称“JGPSSI”（全称为“Japan Green Procurement Survey Standardization Initiative”），为各企业的绿色采购产品制定了统一的调查标准和格式，将绿色政府采购向企业层面延伸。[①]

（二）财政投资

为了促进生态文明的发展，日本政府制定了一系列的资金投入政策，首先在财政资金方面对促进生态文明发展给予了支持。2001年度，各省、厅用于推进循环型社会的经费预算为4 214亿日元（不包括下水道事业补助费，下同）；2002年度为3 988亿日元；2003年度为4 452亿日元；2004年度为4 245亿日元。[②]

这笔资金经国会批准后直接拨给环境省、农林水产省、国土交通省和经济产业省等主要相关部门，并规定由环境省来统筹负责并跟踪调查，评估资金运用的效果。此项资金投入开始要多一些，在社会层面上达到共识，形成产业循环之后，将视情况而逐步减少。财政预算资金的专款专用，为日本构建循环型社会提供了稳定的资金来源。

（三）财政补贴

为了推进生态工业园区的建设，日本政府制定了生态工业园区相关补助金制度，由环境省与经济产业省予以执行。在现有25个园区的40多个静脉产业设施之中，环境省主要负责资助生态工业园区的软硬件设施建设

---

① 申伟、陆文明：《日本木材绿色政府采购政策分析》，载于《世界林业研究》2008年第2期。

② 中国百科网：《日本建立循环型社会的主要做法及对我国的启示》，http：//www. chinabaike. com/t/31251/2014/0420/2102925. html。

以及科学研究与技术开发；经济产业省主要负责资助硬件设施的建设和与3R相关技术的研发以及生态产品的开发等；个别设施项目则由环境省和经济产业省共同承担。对于全国静脉产业企业而言，经济产业省给予经费的支持占总经费的20%左右，环境省给予经费的支持约占总经费的30%。政府对于入园企业的补助经费，一般占到企业初步建设经费的1/3～1/2。除此以外，参与循环型事业的地方政府、非营利组织以及居民，都可以得到环境省和经济产业省的共同出资予以补助。显而易见，日本政府对于静脉产业的新建企业给予了积极的资金援助。尤其环境省，除对入园企业给予一定的经费资助外，它还在园区环境的管理、废弃物回收与处理的指导等方面也发挥着主导的作用①。

入驻生态工业园的企业只有始终在同行中保持先进性、领先性水平，才能取得中央政府的资金援助以及少量的地方政府的补贴，这些补助经费主要用在新建工厂的土地占用、厂房的建设以及主要设备的购置上面。例如，截至2004年底，北九州生态工业园区已投资502亿日元，已经建成了16家研究设施和21家处理生产厂，其中国家投入为100亿日元，北九州市政府投入为58亿日元，民间投入为300亿日元，分别占到了投资总额的20%、12%和60%。②

为了促进再生能源的使用，日本政府把通过对电力消耗所征收的附加税资金集中起来，用于补贴居民户安装太阳能发电装备，补贴额度约相当于设备成本的1/3。除此以外，电力部门也鼓励居民户安装太阳能发电装置，承诺以市场价格回购家庭使用太阳能发电后所产生的剩余电量。

二、日本促进生态文明发展的收入性财政政策

（一）环境税费基本制度

日本在2000年以后开始进行环境税制改革，日本环境相关税收主要包括能源征税和车辆征税，这主要是对温室气体排放的调节。另外，日本还有许多旨在促进环境保护的税收优惠政策，如对提供环境服务的非营利

① 董立延、李娜：《日本发展生态工业园区模式与经验》，载于《现代日本经济》2009年第6期。

② 国家环保总局网站：《生态工业园如何搭台唱戏——日本生态工业基园区的发展现状和管理模式》，http：//finance. sina. com. cn/g/20050622/1046144001. shtml。

团体实行的税收政策，中央政府对废弃物再利用、替代能源的机动车辆及其他节能和污染治理设施实行有关税收优惠等。日本环境税费制度改革有以下特点：第一，扩大环境税收调节范围，新税种设置应全面兼顾“低碳社会、循环性社会、人与自然和谐相处社会”建设的要求，注重引导企业和公众的生产方式、生活方式、环保理念等；第二，合理调整税率，以最小的税收负担实现最大的环境收益。另外，日本还重视引导公众参与行为，在税收方面给予公众优惠，如日本实施低排放车认证制度，通过认证的车辆可享受不同幅度的车辆购置税和车辆使用税的优惠。

（二）绿色税收

在生产末端治理环节，日本政府采取了一系列的税收优惠政策。例如，安装有垃圾处理设施、普通废弃物终端处理场地与工业废弃物处理设施的企业，可以免缴固定资产税；安装废水处理设施、一般用水处理设施和工业用水处理设施的企业，可免除商业设施税；低尾气排放的汽车（即以电池、甲醇混合物、天然气为动力的汽车）以及达到最新公害防治标准的交通工具和替代品等，均可以减免汽车税；轻型电动汽车也可以减免轻型汽车税。另外，以电池或甲醇混合物、天然气为动力的低尾气排放汽车以及达到最新公害防治标准的交通工具和替代品等，还可减少汽车购买税。这些激励性政策措施不仅仅适用于企业的末端控制设施，而且在土地、建筑物、工厂、污染物低排放交通工具和污染物低排放生产设施等范围内都适用。由于这些激励性政策措施的存在，企业可以将公害防治投资的成本纳入其总成本，将税收方面享受的优惠纳入其总收益，这对于促进企业的公害防治方面的投资是非常有效的。

除此以外，2000 年 4 月，日本政府实施了地方权一揽子法，尊重课税的自主权，即地方政府可以设定国家税法所规定以外的地方税收制度。例如，2001 年 6 月，三重县制定的“三重县产业废弃物税收条例”在该县议会审议通过，并于同年 9 月征得总务大臣的同意后在全国首先开始征收产业废弃物税。根据该税收条例的规定，凡是送到最终处理和中间处理设施的工业废弃物，都要实行收税，所收税金作为抑制工业废弃物的产生、对废弃物进行再利用和资源化等实施对策的费用，废弃物的排放者和中间处理业者都要为此纳税。其后，冈山县、鸟取县、北九州等 9 个县也先后制定了工业废弃物税收的相关条例。

（三）一般废弃物处理收费

根据《废弃物处理法》的相关规定，一般废弃物的处理由市町村负责，维持地方生活环境以及公共卫生的服务费用及土地税也由地方政府负担。然而，随着废弃物排放量的增加，从公平的角度出发，受益者也应承担一定的费用。此外，对于一般废弃物处理收取一定费用，也可以有效减少废弃物的排放量。因此，一些市町村开始相继对一般废弃物收取一定的处理费。2000 年，对一般废弃物处理收取费用的市町村，对家庭排放废弃物的 71.9%（除粗大废弃物以外）以及企业排放的一般废弃物的 86.6%（除粗大废弃物以外）征收了一定的处理费用。

粗大的废弃物（如家电），按照《家用电器循环利用法》的有关规定，废弃者应该支付与废旧家电收集、资源化等相关的费用。此外，对于汽车报废而言，消费者则需要承担每辆 2 万日元左右的回收处理费。

（四）预付押金

预付押金是指在产品的原销售价格之上附加收取一定的金额，当在消费者归还包装容器的时候将附加收取的金额返还给消费者的一种措施。目前，预付押金制度已经在全日本范围内确立起来，主要用于饮料瓶、啤酒瓶、玻璃容器等销售的回收利用方面。虽然日本政府还没有制定强制消费者预付押金制度以及在包装物退还后返还押金的法律制度，但是，啤酒行业已经实施了诸如此类的行业规定。瓶装啤酒的价格中一般都含有押金，消费者退还啤酒瓶的时候才能收回押金。此外，许多自动贩卖机也采取了一些基本相同的做法，如购买一盒纸装饮料的价格中一般都含有押金 10 日元，当消费者饮用完毕之后，将折叠好的纸包装插入旁边的自动回收机以后，押金就会自动返还给消费者。

值得指出的是，日本一些公共场所也引入了预付押金制度。例如，一些公园、岛屿、旅游景点等门票中就含有一部分押金，当旅游者结束游览离开这些地方的时候，如果没有损坏环境的行为，就会返还门票中的所含的押金部分，以此来促进游客的环保意识。

第三节 欧盟促进生态文明发展的财政政策研究

一、欧盟的环境财政支出情况

对于英国来说，在环境财政支出方面，中央和地方政府有明确的分工，前者主要侧重于环境基础设施、大型设备等公共产品的提供，后者则负责上级环境政策法规的执行、日常环境保护与例行检查等公共服务的提高。其环境保护支出主要用于废弃物管理、污染治理、研究开发等六个方面。而法国的环境财政支出主要用于实现政府环境保护职能和解决环境问题，并且呈现逐年递增的趋势，法国政府越来越重视环境治理问题，这也激励广大公众参与到环境治理之中，政府、企业和公众共同参与，环境得到很大改善。

欧盟国家也特别重视环境教育方面的支出，环境教育支出是欧盟财政支出的重要组成部分。20 世纪 60 年代，法国开始环境教育公共服务，法国政府颁布了一系列法令、法规，大力倡导环境教育，还编写了系列环境教育教材，出版环境教育著作，发行环境教育期刊等。德国有比较完善的环境教育体制，环境教育分为两类，即学校方面的和社会方面的环境教育，德国的中小学环境教育从小培养了人们的环境意识，环境教育的内容直接或间接写入联邦各州中小学教学大纲，范围涉及各个学科。

二、欧盟的环境税费制度

环境税费是最普遍的一种环境经济政策，欧盟许多国家都进行了环境税费改革。英国的环境税法体系相对完善，主要税种有：垃圾填埋税、垃圾桶税、车辆消费税、气候变化税、机场旅客税、机动车环境税、购房出租环保税等。对法国来说，其环境税费主要来自能源税，其次是运输税收入，主要环境税种包括：污染税、公司车辆税、生活垃圾清理税、矿物油消费税、民航税和道路税等，其环境税收入都是专款专用的，透明度高，便于公众的监督。

第四节　其他国家促进生态文明发展的财政政策研究

一、英国促进生态文明发展的税收政策

英国的环境税体系是一个复杂的税收体系，包含了垃圾填埋税、气候变化税、石方税、烟税、航空旅客税、燃油税等多个税种。我们知道，一个税种的设置可能有多个目的，比如增加财政收入，减少环境污染，引导市场经济行为，等等。不同的税种开征目的也不同，并不是与环境相关的每个税种设计的初衷都是以保护环境，矫正经济行为的外部性为目的。而每个税种所产生的效应也可能是多样的，不管一个税种设置的初衷是什么，只要它在运行过程中产生了环境效应，就可以把它归类为环境税体系之中。当然也有部分税种具有典型的环境税特征，如垃圾填埋税、气候变化税、石方税等，征税的主要目的就是为了矫正经济行为所产生的负外部性。因此，根据以上税种设置目的来划分，英国的环境税体系中纯粹意义上的环境税只有垃圾填埋税、气候变化税和石方税，而在这个复杂的体系内，大多数的税种是与环境相关的，而非纯粹意义上的环境税。英国的环境税体系正是由这三种纯粹的环境税和其他与环境相关的税种组成，纯粹的环境税虽然税收收入并不高，占财政收入的比重也很小，但是却有很强的环境导向性，在整个环境税体系中占主导地位，其他税种与之配合，调节三个主要税种的空白区域，从而形成了较为完善的环境税收体系。

1. 垃圾填埋税

英国从 1996 年开征垃圾填埋税，是英国针对垃圾处理征收的最主要的一个税种，对填埋垃圾按吨为单位，以一个比较低的税率征收，但是近年来税率的增长趋势非常明显，其主要目的就是使垃圾填埋产生的外部性内部化，征税的依据是填埋垃圾的重量以及垃圾的性质，以填埋垃圾的重量（吨）为单位征税并区分活跃性垃圾和非活跃性垃圾而设置两档税率，即标准税率和低税率，活跃性垃圾适用标准税率，而非活跃性垃圾则适用

标准税率。自 1996 年英国开征垃圾填埋税开始，活跃性垃圾的税率一直有上升的趋势，从 1996 年的 7 英镑/吨上升到 2005 年的 18 英镑/吨，再到 2010 年的 48 英镑/吨，2012 年最新税率为 64 英镑/吨。近年来垃圾填埋税的税率增长速度明显加快，以 8 英镑/吨的年长速度递增，并且在最近期的英国财政预算中，活跃性垃圾填埋税的税率还会继续以每年约 8 英镑/吨的速度增长，直到 2014 年或 2015 年，税率达到 80 英镑/吨。并且会以 80 英镑/吨为标准税率，在标准税率的下方设定一个税率底限，任何的低税率都不得低于该税率底限，税率底限的设置将会提高非活跃性垃圾的税率。非活跃性垃圾的税率保持了基本稳定，一直维持在 2 英镑/吨 ~ 2.5 英镑/吨，自 1996 年英国引入垃圾填埋税以来变动不大。

2. 气候变化税

英国在 1996 年财政草案中就提议征收气候变化税，只是在当时还不叫气候变化税这个名字，只是间接税的一个税种，名字和内容也一直处于改革和变化中，真正意义上的气候变化税是从 2001 年开始征收的，经过十多年的发展与改革，已经形成了比较完善的征收模式，气候变化税是主要针对碳的排放而征收的一种税，是英国政府以经济约束的形式，降低温室气体的排放，并使之以法律条文的形式固定下来。气候变化税的主要征收对象为特定的用来照明、供热、发电等等的能源类应税产品，具体包括电力、天然气、液态石油产品和烃类、煤、褐煤、焦炭、半焦炭、石油焦炭。因为此类产品的消费会造成大气污染或者气候的变化，例如燃料燃烧排出的二氧化碳温室效应会使气候变暖。纳税人包括但不限于工业部门、商业部门、农业部门、公共管理部门以及其他服务部门，但是对于个人和慈善类非营利组织是免税的。可以看出，英国的气候变化税主要纳税义务人为工商业等组织机构，而不针对个人。征税的对象主要是排放二氧化碳的能源类产品。

3. 石方税

石方税是对以商业用途为目的而开采岩石、沙、碎石而征收的一种税，也称为采石总量税，只要是以商业盈利为目的，不管是开采、挖掘还是进口岩石、沙、碎石，都要缴纳石方税。英国在 2000 年财政预算中提出开征石方税，但是真正开征是 2002 年 4 月 1 号，主要是为了弥补以上产品开采过程中所产生的环境成本，包括产生的噪声、粉尘、视觉冲击以及对生态平衡和物种多样性所造成的破坏。把石方税加入岩石、沙、碎石等产品中主要目的是为了以税收的手段调整以上产品的使用成本，使得税后价格能更好地反映出使用以上产品给社会所造成的成本，从而鼓励企业和个人少使用岩石、沙、碎石等产品，而多使用循环再利用材料以及垃圾回收产品等替代物。石方税的征税范围非常窄，仅限于以商业盈利为目的而挖掘、开采、进口岩石、沙、碎石，进口以上产品只在进口后的第一次销售或使用环节征税。开采煤、金属矿石、工业原料等都不在征税的范围内，而且出口也是免税的。

二、荷兰促进生态文明发展的税收实践

荷兰是一个环境质量好，环境污染少的国家，这跟其环境税制的发展有很大的关系。荷兰在 OECD 国家中是较早开始发展环境税的，税种繁多，范围广泛，涉及人们生活的各个方面。主要包括：燃料税、能源调节税、垃圾税、水污染税、地下水税等（如表 6－1 所示）。

表 6－1　荷兰促进生态文明发展的相关税种

适应循环经济的税收	主要控制领域
燃料税	汽油、重油、液化气、煤、天然气、石油焦炭等主要燃料
能源调节税	天然气和电力消耗
噪音税	民用飞机使用者在特定地区（主要是机场周围）产生噪音行为
垃圾税、垃圾收集税	家庭垃圾
水污染税	向地表水及水净化厂直接或间接排放废弃物、污染物和有毒物质
土壤保护税、地下水税	抽取地下水
超额粪便税	农场牲畜的粪便排放
废物税	填埋或焚化废物
机动车特别税	汽车尾气排放
铀税	核能公司铀
狗税	限制狗的数量，防止狗粪便污染
碳税	调节二氧化碳排放量

资料来源：http：//www. oced. org，2001. Datebase on Environmentally Related Taxes。

（一）燃料税

荷兰的燃料税开征于 1988 年，其征税对象为汽油、柴油、煤、天然气等燃料，纳税人是燃料的生产商和出口商。燃料税采用的是定额税率，税率是由环境部门根据确定的具体环保目标来决定，每年都会有所浮动。燃料税的税目非常详细，针对各类不同的燃料制定了不同的税率。该税的环保效果较为显著，有效控制了燃料的使用，同时收入也很可观，是荷兰政府为实行环境保护措施而筹集资金的重要手段。

（二）能源调节税

能源调节税是对小规模的能源消耗征收的一种税，纳税人是所有经营能源的企业。该税种规定了征税的最大限度及免税折扣，其中天然气的最大限额是 170 000 立方米，每年享受 800 立方米的税收减免，电力的最大限额是 50 000 度，每年享受 800 度的税收减免。能源调节税的税率每年都有变化（电力除外）。家庭或小型企业用户如果使用其他能源（如汽油、柴油等）代替天然气时也必须纳税。用于运输和发电的天然气，以及不用作燃料的天然气免征能源调节税。

（三）垃圾税

荷兰的垃圾税是对家庭征收的一种环境税，征收的目的是为收集和处理垃圾筹集资金。垃圾税根据每个家庭的人口数量确定，人口少的家庭可以享受一定的税收减免，以确保税收的公平性。除了垃圾税，荷兰还开征了垃圾收集税，地方政府根据需要从两者之中选择一项征收。垃圾收集税是根据每个家庭排放的垃圾数量来确定的。虽然垃圾税的开征是出于财政目的，为收集和处理垃圾筹集资金，但是垃圾收集税的征收能够在一定程度上减少家庭的垃圾排放量，达到一定的环保效果。

（四）水污染税和地下水税

水污染税是荷兰政府对污染水源的单位和个人征收的一种税。其征税目的是为净化水的项目筹集资金，并且有效管理非国有的水资源。水污染税的征收标准是根据污染源的重金属含量和耗氧量来确定的。该税的税率在不同的水资源保护区有所差异。水污染税的征收促使了厂商在生产过程中采取防治水污染的措施。

地下水税是对开采地下水的活动征收的一种税，纳税人是开采地下水的单位和个人。该税的征收也是出于财政目的，为地下水的管理筹集资金。该税的税率视开采地下水的目的而不同，开采用作饮用水的税率为每立方米 0.34 荷兰盾，其他用途的开采活动税率为每立方米 0.17 荷兰盾。以净化地下水、建筑工地排水、灌溉和洒水和试验为目的的开采地下水活动免税。

三、瑞典的环境税制：以提高能源利用效率为目标

早在 20 世纪 90 年代，瑞典就在税制改革方案中提出对环境有副作用的生产和消费活动征税的必要。以瑞典为代表的北欧国家也一直走在环境税改革的前沿。至今，瑞典的环境税已经颇具规模，形成体系，且环境税收入在税收总收入的比重持续上升，环境税的作用不断增强。瑞典环境税的一大特点是多个方面对能源征税，通过征收能源税减少能源的消耗，促进清洁能源的使用。

（一）一般能源税

一般能源税实施于 1957 年，是对石油、煤炭、天然气等燃料征收的一种税。其纳税人为生产、进口应税能源产品或者用应税能源产品生产加工其他产品的单位和个人。储备的燃料可以暂不征收，在出售或消费时再征收。石油产品按照不同类别实行差别税率：一等油为每立方米 90 瑞典克朗，二等油为每立方米 290 瑞典克朗，三等油为每立方米 540 瑞典克朗。石油产品的类别是根据含碳、硫量来确定，其目的是为了避免与二氧化碳税、硫税重复征收，也促使通过税率差异来减少含碳、硫的燃料的使用。原油、废油和人造油等免征一般能源税。

（二）电力税

电力税是对电力能源征收的税种，其税率根据电力的不同用途确定。工业用途的税率比非工业用途的税率高。用矿物生产电力，之前环节缴纳的一般能源税和一氧化碳税可以在税前扣除。原子能发电需另外加征生产税和废物处理税。

（三）二氧化碳税

瑞典的二氧化碳税是从 1991 年开始征收的，征税对象为石油、煤炭、

天然气和国内航空燃料等，征收该税的目的是减少产生二氧化碳的燃料的使用，以减少二氧化碳等温室气体的排放。每排放一千克二氧化碳需计征0.25瑞典克朗，不同燃料的税基是通过其含碳量和发热量来决定的。由含碳量的不同导致了各种燃料的税率不同。如石油的税率为每立方米720瑞典克朗，煤炭的税率为每吨620瑞典克朗，液化石油气税率为每立方米750瑞典克朗。二氧化碳税的税收减免与一般能源税基本相似，但是国内航空燃料是不能免税的。开征二氧化碳税是控制温室气体排放最为简单有效的方法。

（四）硫税

硫税是瑞典政府于1991年1月开征的，征税对象为石油、石油产品、煤、泥炭及焦炭，计税依据是燃料中的含硫量。税率是根据治理二氧化硫的边际成本确定的，对煤、泥炭、焦炭每千克含硫量计征30瑞典克朗，对每立方米燃油中每0.1%的含硫量计征27瑞典克朗。二氧化硫税的开征在瑞典取得了显著成效，仅一年内，瑞典二氧化硫年排放量就减少了16%，到21世纪初的排放量与20世纪80年代相比降低了80%，相对于1991年降低了50%。

（五）汽车使用的相关税种

汽油税从1986年开始征收，根据汽油的含铅量高低采用不同的税率，目的在于鼓励使用无铅汽油。对用于发动机燃料的甲醇和乙醇征收每公升0.8瑞士克朗的燃料税。对于柴油驱动的汽车，根据汽车的类型和重量征收里程税。

四、印度促进生态文明发展的财政政策的经验

作为发展中国家的代表，印度也制定了相应的财政政策，促进本国生态文明产业的发展。作为生态文明发展较快的国家，印度将风力发电列为该国能源工业的重要项目，使其得到了迅速发展。此外，印度还通过各种财政政策鼓励国内电力投资，吸引国外投资者向电力部门投资。具体政策如下。

（一）低息贷款

印度政府成立了可再生能源投资公司，为从事技术开发及项目建设提

供低息贷款，这项制度使得风力发电在印度取得了巨大的成功。除此以外，印度非常规能源部和可再生能源开发署府还对风电企业提供财政支持。尤其是可再生能源开发署，他们设立了专项周转基金，通过软贷款的形式以资助风电项目的发展。

（二）投资补贴

为了降低可再生能源企业的运营成本，印度政府向此类企业提供了10% ~15%的装备投资补贴。

（三）免缴增值税

为了促进可再生能源行业发展，印度政府全部免除风电设备制造业以及风电产业的增值税。

（四）关税优惠

为了降低可再生能源企业的投资成本，印度政府对风电整机设备进口提供25%的优惠关税税率，散件进口可以不征任何关税。

（五）加速折旧

1992年，印度政府开始对风电发电设备实行100%的加速折旧政策。

（六）所得税抵免

1992年起，印度政府规定风力发电企业5年之内免缴企业所得税。

（七）其他优惠政策

除了上述的加速折旧的部分以及5年优惠政策之外，印度政府还规定工业企业利润用于投资风电的部分可免交36%的所得税，投资风电项目还可减免货物税、销售税及附加税。

从总体上来看，作为一个发展中国家，印度促进生态文明发展的政策扶持力度还是比较大的，但与欧美国家相比，印度在研发方面没有相应的优惠政策，这也在一定程度上反映了发展中国家在可再生能源的技术、设备上依赖于发达国家进口的事实。

第五节　国外促进生态文明发展财政政策经验以及对我国的启示

一、形成稳定的政府投入机制

由于生态文明具有公共品属性和外部性，在资源、环境问题上存在市场失灵，因而政府就成为生态文明资金的主要提供者。政府对生态文明的投入多采用预算拨款、财政补贴、专项资金和融资政策等手段，主要针对兴建环保设施、环境开发技术项目、合理利用能源项目、可再生能源研究与开发项目、废弃物再利用项目，支出力度也随着各国重视程度的日益提高而不断加大。

二、建立独立型环境税

由西方发达国家所实施的环境税法可知，他们并不是将所有的环境问题纳入一部大的环境税法中，而是针对不同的污染客体有具体的征税方法。如荷兰有水税、垃圾税、燃料使用税等，英国有碳税、能源税等。这是因为不同的污染物会造成不同的环境污染，不能用同一的标准和依据去衡量，否则会有失征税的公平性和合理性。因此，对不同的污染物制定不同的征税方法，则是从根本上找出导致环境污染问题的“元凶”，这样才能真正达到保护环境的目的。此外，法律虽然具有透明度高、公平等优点，但同时也具有滞后性等缺点。随着我国经济的不断发展，环境污染问题日趋严重，如若不细分，则不利于环境税的实施和征收，导致环境污染问题不能很好地得到治理。目前，我国经济得到了发展，人民的文化素养也在不断地提升，为我国实施环境税提供了良好的经济、法律基础。再者，环境税的征收为环保确保了资金来源，以法律的形式定下环境税的征收标准，能很好地坚固公平与效率。

三、先易后难、分步骤实行环境税

目前，我国的税收体制并不完善，而环境税内部同时也包含着许许多多不同类型的税种，不同税种的征收标准、税率等都要加以区别规定，因此，我国在短时间内是很难制定出一套完善、细致的环境税制。此外，人们对环境税的接受也要经历一段时间，同时还有协调好涉及的不同利益集团的利害关系，所以，我国在实行环境税法时，应当循序渐进，先简单后复杂，订立不同阶段的实现目标，从而最终制定出完善的环境税法。

四、建立合理的税收优惠政策

许多西方发达国家在征收环境税的过程中，都会给予一些税收优惠、减免政策，以达到鼓励人们积极纳税、形成良好的保护环境的习惯。对此，我国在实施环境税法的过程中，也可以效仿西方一些发达国家的做法，实行一些税收优惠、减免政策，以鼓励各大企业积极注重环保，减少环境污染。我们可以根据行业性质的不同和公共服务性质的程度实施不同的优惠政策。如对公共服务性质较强的行业采取税收优惠政策，可以鼓励企业对于环保节能技术的研究、开发和使用，也可以促使企业加大环保投入，减少环境污染。同时也促进了环保产品生产与消费，推进了环保产业的发展。

第七章

优化促进我国生态文明发展的财政政策路径

梳理我国促进生态文明发展的财政政策的来龙去脉，分析财政政策促进我国生态文明发展的各种效应，借鉴国外促进生态文明发展的财政政策，归根到底是为了优化促进我国生态文明发展的财政政策。结合全文来看，优化促进我国生态文明发展的财政政策路径可以从四个方面入手：一是支出性财政政策；二是收入性财政政策；三是其他财政政策；四是配套措施。四者形成一个完整的体系，缺一不可，共同促进生态文明的发展。

第一节 支出性财政政策

一、财政投入政策

生态的破坏并非一朝一夕，而生态环境的恢复和发展也不是一个短暂的过程。对于流域生态环境的保护，来自政府的投入占有重要的主导地位。政府的投入不仅是为了平衡地区间的差异，还能起到引导作用并创造有利条件，引导市场进入生态补偿领域①。

首先，在宏观层面，从我国政府对于环保事业的财政支出来看，虽然支出额有缓慢增长的态势，但增长比例极不稳定，反差较大。如 2010 年环境保护的投入较 2009 年增长了 24.7%，但是 2011 年较 2010 年却只增

① 苏明、刘军民、张洁：《促进环境保护的公共财政政策研究》，载于《财政研究》2008 年第 7 期。

长了9.4%。宏观上环境支出增长的不稳定不平衡也会影响各地市对于环境保护的投入增长。国家需要继续保持不断稳定增长的环保支出，合理分配用于环境保护的财政资金，保证环境保护的支出投入不出现大幅度的波动，保持稳定增长的态势。

其次，从微观层面来看，区域生态补偿的财政资金来源来看，区域生态补偿的一般性转移支付资金主要偏重于均衡性补偿，这并没有被纳入到中央的预算科目中，这一项目补偿的期限也并不明确，很有可能随着工程的结束而取消，对于后续的补偿难以预测。但是只有中央和地方进行长期稳定的有效支出才能保证区域生态的逐步恢复和完善。因此，应该将对区域的生态补偿纳入到中央和地方财政的一般预算支出中来，确保生态补偿获得稳定的长期的资金来源，实现生态效应的可持续。区域的生态环境的恢复是一个缓慢的过程，中央和地方政府需要创造一个长期稳定的财政支出环境。

二、完善政府绿色采购制度

完善政府绿色采购制度，首先要建立绿色采购的绩效考评制度。从某种意义上讲考核体系决定了政府部门动作的方式，合理的考核体系会引导相关政府部门的正确行为。因此，建立绿色采购的绩效考评制度势在必行。

“权力导致腐败，绝对的权力导致绝对的腐败”。在传统政府采购过程中，由于缺乏监督，权力“寻租”行为盛行，成为了滋生腐败的乐土。政府绿色采购，一方面要实现生态文明之“绿”；另一方面也要实现社会文明之“绿”。因此完善政府绿色采购的监督管理制度刻不容缓。

三、建立转移支付制度

（一）建立纵横相结合的财政转移支付补偿机制

现行的纵向转移支付制度从平衡地方财政收支的角度来考量，其作用也十分有限。此时可以考虑建立政府间的横向转移支付制度，通过这一制度实现跨省界中型流域的生态补偿虽然在国外是比较常用的政策手段，但是目前我国尚属起步阶段。

根据国外经验，以横向转移支付方式来协调区域上、下游地区之间的省际利益冲突似乎会更直接、更有效[①]。同时要增加对重要生态区域的中央财政转移支付，结合横向转移支付的重要辅助手段，形成纵横交错的财政保护网络，在资金上为生态补偿提供良好支持，以期缓解各区域发展不平衡的矛盾和中央财政资金的压力。

（二）加强转移支付资金的运作与监管

对于生态补偿的资金，在国家预算支出中，并没有明确的科目，转移支付的名目繁多，管理资金的部分很分散。对于流域补偿专项资金，也没有规范的制度和法律进行约束，这样一来中央拨付给地方的生态补偿资金的去向难以追踪，资金使用的效率也难以评价。因此要在建立生态补偿资金专项科目的基础上，加强绩效评价，建立环境评价考核机制，以确保生态补偿资金对环境的投资效果[②]。

（三）建立分类转移支付制度

分类转移支付制度也是促进生态文明发展的财政政策的重要手段之一，从我国目前的实际来看，应从以下几个方面进行优化。

1. 生态补偿向欠发达地区倾斜

我国某些地方承担了十分重要的生态保护和建设任务，然而，当地经济却因此受到了极大的限制。如我国西部的许多地区都是这样。财政部门应结合我国的实际情况，在对地方进行转移支付时向欠发达地区倾斜，使其建立起相应的自然保护区，更好地处理经济发展与环境保护的关系。

2. 发挥各级政府在环保财政转移支付中的作用

对于发展生态文明而言，资源节约与环境保护的受益者有的属于地方，有的属于全国。根据公共产品的不同属性以及“谁受益、谁支付”的原则，在进行专项支出时，首先应划定专项支出的受益主体，然后依据上述原则，使各级财政主体按其受益程度都能分担转移支付中对应的

---

① 郑雪梅：《生态转移支付——基于生态补偿的横向转移支付制度》，载于《环境经济杂志》2006年第31期。

② 刘军民：《南水北调中线水源区财政转移支付生态补偿探讨》，载于《环境经济》2010年第83期。

财政资金。

四、合理利用税收优惠政策

从财政支出来看，目前除了预算内的财政资金对流域的水污染防治项目进行支持以外，缺乏利用其他灵活的政策手段来激励市场经济主体保护流域的生态环境。根据国外流域生态补偿的经验，通过税优惠方式可以鼓励无污染或污染少的环保型工业、农业的大力发展，如对于采用环保设施的工厂给与一定的所得税优惠政策，对流域周边不使用化学农药的农场主给予优惠。在流域生态的保护方面，缺乏相关的税收优惠措施，同时也存在着优惠政策相矛盾的方面。一些税收优惠政策无形中产生了不利于环境保护的结果，比如对农作物使用的农药特别是剧毒农药免征增值税的规定，客观上对土壤和水资源产生了难以恢复的污染，给人类和环境造成了威胁①。同时，有很多非常环保的无污染绿色产品和清洁生产企业，却没有享受到优惠的税收政策。

针对以上情况，政府应该制定一套合理完善的税收优惠政策，鼓励各种对流域生态环境进行保护的行为，通过税收减免的方式对流域生态环境的保护者给予补偿，从而减少损失。

第二节 收入性财政政策

一、税收制度

（一）完善环境税制

目前，我国税制中缺少专门的环境税，难以提高环境保护的调节力度。因此，我国亟须引入独立的环境税，建设新的环境税收体系。主要思路如下。

---

① 罗红、朱青：《完善我国生态补偿机制的财税政策研究》，载于《税务研究》2009年第6期。

1. 优化资源税制

资源税有利于保护自然资源，促进资源的可持续利用。但我国目前的资源税征收范围较窄，不能充分发挥资源税的环境保护作用，且随着经济社会的发展，越来越多的资源被开采利用，逐渐成为稀缺资源。因此，要适当扩大该税种的征收范围，以准确反映自然资源的稀缺性，加大资源税的环境调控能力。例如，将森林、土地、水等自然资源均列入资源税的征收范围。对于环境税不能发挥作用的中西部地区，尤其应对煤炭资源开征资源税。

2. 实时开征环境税

在我国的融入型环境税制度中，主要是靠一些与环境相关的税种和税收政策来进行调控，但由于这些税种和政策相对分散，调控力度有限，不易作为专项环保收入。拥有大规模的环保资金投入，才能确保污染治理的有效性，达到保护环境的目的，通常会说治理环境污染的总投资额占 GDP 的比例最少为 2% ~3%，才能达到改善环境治理的目的[①]。据《中国统计年鉴（2011）》，2010 年全国环境污染治理投资总额为 6 654.2 亿元，仅占当年 GDP 的 1.66%，没有达到最低标准所要求的 2%[②]，显示我国对环境污染治理投资额的严重不足，制约了环境保护和治理工作的顺利开展。

2007 年 6 月，在国务院的《节能减排综合性工作方案》中，首次明确了关于开征环境税的想法，并于当年 10 月的中共十七大中，提到“实行有利于科学发展的财税制度，建立健全资源有偿使用制度和生态环境补偿机制”，使开征环境税成为我国税收改革的重点之一。因此，开征环境税是大势所趋。需要注意的是，为了推行环境税，在其开征初期，税目不能划分太细，税率设计不能太繁杂，并且要随社会经济状况的发展进行调整，以达到在保持经济持续发展的同时，保护环境的目的。

3. 完善约束性的环境税收措施

消费税的征税对象也要适度调整和扩大，例如，无法回收利用的各类包装物、对环境造成严重污染的电池等均应列为征收对象。同时，提高消费税税率，增加征收额，例如，为了引导消费者的正确消费观，促使制造

---

① 邓子基：《世界税制改革的动向与趋势》，载于《税务研究》2001 年第 5 期。
② 中国财政部：《中国环境统计年鉴（2011）》，中国财政经济出版社 2011 年版。

商转向生产节能型小汽车，可加大对高耗能和大排量小汽车的征收额度，逐步淘汰污染严重的小汽车，以减少污染气体排放。

另外，将乡镇列入城市维护建设税的征税范围，加快乡镇公共基础设施建设，并逐步将其变为独立的税种。同样，要对城镇以外的乡镇企业用地征收城镇土地使用税。

（二）优化资源税制

1. 调整资源税的设置理念

我国资源税设立之初主要是调节由于资源禀赋差异而造成的矿产企业的级差收益，在计划经济时期，由资源税调节级差收益是可以理解的，而在市场经济时期，资源价格由供求决定，并非税收决定，而传统的调节级差收益的资源税设置理念显然已经不符合市场经济的发展及可持续发展的要求。

经济发展到现阶段，资源税改革应当说是势在必行，因为企业和社会之间的矿产资源开采成本与使用成本间的差异越来越大[①]，这显然违背了可持续发展理念，当前的资源税改革过程中，我们应站在可持续发展的角度来考虑。

2. 资源税达到提高资源开发成本的目的

近几年来，矿产资源的价格不断上涨，而资源开采企业所需缴纳的资源税同资源价格并不相关，这就造成矿山企业只需要支付小部分成本就可以获得非常高的企业利润，这也是“煤老板”产生的主要原因之一，“煤老板”为了获得更高的利润，会对资源进行掠夺式的开发。在资源开采阶段，增加企业税收，意味着提高资源开发的成本：一方面，对于那些技术水平、管理水平较低的一般企业会因为较高的开发成本而无能力进入矿山企业的行列，这变相抬高了矿山企业的门槛，减少资源开发过程中的浪费；另一方面，提高企业的开采成本，可以促进企业积极地进行节能技术和设备的研发和更换，转粗犷的生产体系为资源节约型的生产体系，从而达到保护资源合理开发利用的作用。

---

① 刘尚希：《资源税改革：关键在于定位》，载于《中国改革》2009 年第 1 期。

3. 资源税得到的价值补偿应等于资源开采使用导致的社会成本

长期以来，我国经济的发展高度依赖于自然资源，尤其是矿产资源，资源的开发带来了许多诸如煤炭运输污染、地质生态破坏、重要资源短缺等外部性问题。在资源开采过程中，外部性会导致私人成本和社会成本并不统一，外部性会致使开采企业的私人成本低于社会成本，如果按照私人成本进行定价，这必然造成资源掠夺开采[①]。资源开采带来的环境污染等问题需要政府协调，而政府治理已经造成的生态灾害和污染的支出需要通过税收进行筹集。所以，资源税应将资源开采成本中的环境成本内在化，并以资源税来弥补由于使用矿产资源所造成的社会成本。

4. 通过资源税实现资源收益的代际分配

矿产资源具有稀缺性，且大部分属于不可再生资源。这意味着一代人开采使用致使资源枯竭以后，将严重影响后人使用该资源，这是明显的代际不公平问题，不符合可持续发展的要求。根据世界各国社会经历和社会发展经验来看，大部分资源型城市都会经历由繁荣到衰退的过程，也都会面临资源城市转型问题。为解决这些问题，2008 年、2009 年、2011 年，我国分三批确定了 69 个资源枯竭型城市（县、区）[②]，中央财政将给予这些城市财力性转移支付资金支持。由此可以看出，资源税的改革不仅要考虑到开采企业所造成的环境成本，还应该考虑可持续发展的需要，考虑代际外部性问题。中央财政在资源还未枯竭时就应当通过资源税形式提取资源耗竭补偿金留以备用，这是维护代际公平的一项重要对策，也是防范和化解资源枯竭所带来公共风险的重要手段[③]。

二、收费制度

（一）改进排污收费制度

为了使排污收费制度能够在环境保护和治理工作中起到切实有效的作

① 计金标：《略论我国资源税的定位及其在税制改革中的地位》，载于《税务研究》2007 年第 1 期。

② 国家发改委官方网站：《全国资源枯竭城市名单》，http://dbzxs.ndrc.gov.cn/ckzl/t20100824_367195.htm。

③ 刘尚希：《资源税改革应定位在控制公共风险》，载于《中国发展观察》2010 年第 7 期。

用，可从以下三方面改进排污收费制度。

第一，调整排污收费标准，以适应地方特点。应根据我国不同地方政府的辖区中环境污染的承受能力，扩散难易度、社会经济状况等因素对排污收费的标准进行调整，使其至少要等于环境保护和治理的成本，并且要与预期的排放目标水平相当。在实际中根据辖区内的相关因素的变动进行动态调整，以引导当地企业的合理布局和发展，实现环境和经济的双赢局面。

第二，扩大排污费征收对象和征收群体。我国排污收费制度的原则是"谁污染谁付费"，那么只要是排污者都应该是排污费的征收对象。在进行排污收费的改进中，需要扩大征收对象和征收群体。凡是向环境排放超过其承受能力的污染物的个体和单位，都应缴纳排污费，以改善生态环境质量，控制环境污染。

第三，加大排污费收入的管理力度。对拒缴、拖欠排污费的企业进行严格的稽查和惩处，必要时还可以采用一些强制措施，如查封商品（产品）、抵押拍卖、冻结账户，等等。同时，要严格落实排污费使用管理的"收支两条线"政策，征收到的排污费都要上缴给财政，并纳入到财政预算中，把其作为环境保护专项资金，都用作环境污染治理的支出，对此行为加大监管力度。

（二）合理规范污染收费制度

事实证明，环境保护与经济发展存在着很大的相关性，而生态文明的作用就是理清两者之间的关系，实现经济与环境共同发展。收费政策作为我国一项传统的治理环境污染方面的政策在我国经济发展的初期起到了一定作用，但总体来看，其作用并不是很大，而且问题很多，因此，就现阶段而言，合理规范污染收费制度势在必行。

1. 科学制定收费标准

对于收费标准而言，应该与经济发展和社会进步相适应，与生态环境和科学技术相协调，而不是长期一成不变的。因此，排污收费机制的摸索是一个长期的过程。通过对各类污染物治理成本的调查与研究，确定其费率，一方面要兼顾地区差异；另一方面也要结合环境的容量与管理的效果，此外还要考虑企业的承受能力，只有这样，才能顺利实现排污收费由静态收费向动态收费的转变。

2. 加强预算监督管理

对于排污总量而言，可以通过申请收费制度，使企业结合自身发展的需要，通过上报其排污量，并将其纳入其生产经营成本核算体系，从而改变了过去的无序状态，也从制度上彻底地、有效地转变事后收取排污费制度对排污收费的错误理解，实现了由“罚”到“治”的转变。

3. 建立评查收费体系

要以减排量为约束性目标，就必须通过效能评查和收费的双轨制来规范排污工作，实行污染总量控制、限额排放和配额交易，引入排放绩效指标，实现对环境容量资源的有效配置。此外，在采取基本收费的同时，实行附加收费。对于新增或者超总量实行附加费政策；对于未完成总量削减任务或控制地区实行附加费政策；对于重点保护区域、流域实行附加费政策；对于超标排放和超总量排污实行附加费政策等。

三、发行环保建设公债

从我国目前的情况来看，政府部门可以发行一些关于环保建设的中长期公债（4～7年），其年利率可比国库券的利率略高，从而筹集一部分资金，以加强环境保护的力度，促进生态文明发展。这一做法，从现实看是可行的，也是必需的。这是由两个方面的因素决定的。

一是我国的偿债能力相对较强。无论是国民经济的应债能力还是居民的应债能力，我国的国债发行规模还有扩张的余地。同西方发达国家相比，我国目前的国债负担率以及居民应债力都是相当低的。

二是环境污染的不确定。就我国现阶段的财力而言，一方面资金有限；另一方面财政支出的刚性也较强，因此，通过正常渠道大量投入环境保护是不大可能的，而环境污染本身的特点是从产生过程上讲有隐蔽性、渐进性，从带来后果的角度看又具有突发性和扩散性。因此，一旦环境受到破坏，需要大量的时间和金钱才能治理好。如果真是出现这种情况，就会给财政资金带来陡然的压力。由此可见，对于环境污染问题必须及早治理。面对资金不足的现状，发行环保公债是一个不错的选择。

四、试行环保彩票

目前，我国已经有了体育彩票与福利彩票运行的经验，在积极促进彩票市场发行的同时，环保彩票也应纳入我国彩票发行的规划。具体而言，应该做好以下几个方面。

（一）建立健全环保彩票立法

彩票行业是一个特殊的行业，彩票市场也是一个特殊的市场。从大英百科全书关于彩票定义可以得知，彩票是赌博的一种，彩票行业的发展取决于社会经济的发展以及人们认识的提高。

从西方国家的历史来看，彩票业经历了发展—停顿—发展的过程，并最终以法律的形式确定彩票行业的合法化。

对于环保彩票而言，发行的前提就是对环保彩票的相关问题进行调查与研究，然后以法律的形式确立下来。这样，一方面能够促进环保彩票行业的规范；另一方面也能为环保财政支出提供新的来源。

（二）改革环保彩票管理体制

目前，从西方发达国家的实践来看，彩票管理得好的国家无一不是制度完善，管理科学的国家。就环保彩票的管理而言，一般包括三种模式：一是政府直营模式。即政府授权专门的国营彩票公司负责发行彩票。二是发照经营模式。即政府根据需要，发放经营牌照，获得彩票发行牌照的既有国营企业，又有私营企业。三是企业承包模式。即政府授权企业承包发行彩票。从西方发达国家来看，大多选择第二种或者第三种模式，通过市场机制引导、企业化经营、政府部分监管的形式来实现环保彩票的管理。就我国的情况来看，目前，我国的体育彩票行业实行的是机关、事业、企业三位一体的管理体系，其最重要的特征就是政企不分，这种体制在整个彩票业发展的初期起到了一定的作用，而现阶段已经不能适应市场经济的要求，因此，就我国的彩票管理体制而言，“扬弃”发展是必不可少的。对于环保彩票而言，建立之初就淘汰原有的管理体系，这也是不可或缺的。

（三）积极推动环保彩票产业化

世界各彩票大国都已经开始实行彩票产业化，这是彩票业发展的必然趋势，也是我国未来环保彩票发展的必由之路。据世界彩票协会报告，彩票行业将以每年18%的速度增长，目前已稳坐世界第六大行业交椅。我国过去发行彩票的初衷则是为了筹集资金，解决紧迫的社会难题。作为环保彩票而言，其性质是相同的。实行环保彩票的产业化，一方面能增加国家税收；另一方面还能提供大量的就业机会，同时还能促进生态文明的发展。

第三节　其他财政政策

一、政府预算政策

中央用于转移支付的生态补偿资金数额虽然逐渐增加，但总量仍然小，对于地方环境保护的支出需要，只能是杯水车薪、九牛一毛。在我国，政府环保部门的财政预算支出占国家财政预算总支出的比例远远低于发达国家平均水平，也低于世界银行建议的2%，低比例的投入不仅没有改善生态环境状况的可能性，还有可能导致生态恶化。对此，要逐步提高政府预算中生态补偿资金的比重。

首先从宏观上应该增加生态补偿的总预算，要增加中央和地方政府对于环境保护的财政投入，逐步提升，向发达国家的平均水平靠拢，保障生态补偿资金的总体增长。其次，对区域生态补偿的财政投入，一是要增加一般性转移支付资金，逐步提升转移支付的比例系数，进一步加大限制开发和禁止开发区域的转移支付力度，重点支持包括生态保护在内的公共服务和民生事业发展。并将生态因素考虑到测算办法中，目前根据国家重点生态功能区均衡性转移支付的测算公式来看，仅考虑了当地的财政收入情况等因素，并没有将生态因素考虑进来。二是要增加专项转移支付的内容，不能仅仅局限于水污染防治的专项投资，一方面加大财政对生态环境保护重点工程的支持力度；另一方面提升专项转移支出在生态补偿预算支出中的比重。

二、专项补偿基金

许多国家都对资源税的使用方向有着明确的规定，根据资源税的不同来源收入详细规定了其专门用途，并设立了相应的专项基金用以补偿资源开采造成的环境污染。而我国一直以来没有针对企业开采资源建立相关的资源耗竭补偿制度，导致了目前许多资源型城市在资源耗竭以后面临城市转型以及矿工就业等一系列工作缺乏资金支持的现象。为确保资源税收入更好地发挥其补偿功能，我国应借鉴国际主要经验，结合我国具体情况，对资源税收入实行专款专用的管理方式，制定一套关于资源开发和环境保护的补偿机制，设立资源开发和生态环境补偿专项基金，以此来对生态环境和农民的利益进行补偿。

具体而言，要通过法律形式明确规定资源税的具体用途，其中主要包括将部分收入用于治理由于资源开采而造成的环境污染，生态破坏；研发和培育代替不可再生资源的新产品；提高环保生产技能等方面。在此基础上，我们还应该设置一个完整的基金维护体系，将其交由专门部门进行管理，不仅要防止资金的丢失和贬值，还要进行风险和成本效益分析，以提高基金的使用效率。这种税收收入管理方式不仅可以防止地方政府将资源税挪作他用，又可以使资源税收入切实运用到保护环境和促进资源合理开采中去。

第四节 相关配套措施

一、加强环境教育，提高公众参与的积极性

（一）进行环境教育，提高公众参与环境治理的意识

通过对公众参与环境保护行动的宣传教育，强化公众自身对环境的友善行为，培养责任意识。政府应拓宽宣传渠道，多方面的对公众开展教育活动。可以采取举办环保知识讲座或者组织公众观看有关环保方面视频的形式；在那些有关环保的纪念日当天，加大宣传力度，让公众深深意识到环境保护的重要性，使公众环保方面的知识得以增强。另外，学校也应该对学生进行环境方面的教育，设立环境方面的课程，多开展环保知识的竞赛活动，让每一个人从我做起、从小做起，使公众参与环保的意识快速提高。当然，媒体也是不可缺少的宣传工具，现在互联网比较发达，能够快

速地传播环保知识，公众便能更快地了解到环境状况，采取相应的治理措施。

（二）加强环境保护制度建设，扩大公众参与机会

目前，还没有严格的法律制度保障公众参与环境治理的权利，应该健全相应的法律法规，使公众参与有屏障保护。因此必须做好下面的工作：确保公众的环境权，使公众的环境知情权得到保障，制定严格的环境信访制度，让公众有地方诉求自己的建议，并能够得到及时的反馈，建立健全的法律监督机制等。这样，公众才能有更多的机会参与到环境保护中去，提升公众的参与力度，从而使我国的环保事业快速地发展。

二、完善环境信息公开制度

（一）明确环境信息公开的范围

需要公开的环境信息包括五个方面的内容：第一，环境政策法规信息，包括制定的政策法规以及环境法的立法状态等；第二，相关环境管理机构的信息，主要包括机构的责任范围和联系方式以及工作人员的职责；第三，环境的状态信息，主要有气候、污染指数、环境质量指数、环境破坏状况、环境资源状况等；第四，环境的科学信息，是指环境指标的统计数据、科学技术信息以及科学的研究成果；第五，环境的生活信息，这主要是与人们的日常生活密切相关，例如环保的生活方式、如何垃圾分类循环利用以及怎样节约用电用水。只有掌握了相关信息，公众才能够有效地参与到环境决策中来。

（二）完善环境信息公开的行政问责制度

公布有关环境的信息，是一些政府部门应该承担的义务，当这些政府毫无缘由地置他们的职责于不顾时，公众的环境知情权就受到了侵害，公众可以运用一定的方式维护自己的权益，行政问责便是一种有效的途径。行政问责制的意思是，公众是政府的监督主体，他们监督政府的一切行为，如果公众发现政府的有关人员渎职或者不认真工作，导致政府的秩序混乱、效率低下，或者使公众的合法权益受到损害，公众可以对相关责任人进行问责。近年来，环境状况持续恶化，政府已经认识到公开环境信息

的重要性，然而，只要政府不能立刻公布环境有关信息，那么公众对政府行政问责便困难重重。因此，政府要完善相关的制度，符合大众的需求，扩大环境信息公开的范围，落实行政问责制度。

三、建立绿色 GDP 核算体系

随着社会经济的不断发展，人类的经济活动对物质资源的消耗日益巨大，从而对生态环境造成的破坏也日益严重，各国经济社会的发展已经在不同程度上受到资源短缺、环境恶化等“瓶颈”约束。传统的 GDP 核算体系仅仅只能反映经济运行的过程与结果，而未能体现出经济活动对物质资源的消耗和对环境造成的污染代价。在这一经济增长评价标准的导向下，生态文明不仅会丧失外部动力，并且由于其价值无法完整显示在 GDP 当中，也无法形成其内部动力。因此，必须要建立符合生态文明发展要求的一种新的经济增长评价标准，并以此来指导实行新的政绩考核办法。

绿色 GDP 是在传统 GDP 的基础上，核减由资源耗量与二氧化碳的排量等折合成美元数量得出的。它与传统 GDP 的关系可以用公式“绿色 GDP = 传统 GDP - 物质资源成本 - 环境成本 - 生态成本”简单明了地表示出来。绿色 GDP 占传统 GDP 的比重越高，表明国民经济增长的正面效应越高。人民幸福指数的提高，需要经济又好又快地增长以保证物质财富的增长，需要良好的生态环境以保障健康的生存环境，也需要一个公正和谐的社会以提供良好的社会生活环境。生态文明的发展目标本身包含着经济发展、环境保护和社会发展三个方面的共赢，而这种共赢局面的出现无疑有利于和谐社会的实现。因此，绿色 GDP 核算体系能真正反映经济运行状态和质量，体现出发展生态文明对一国经济的重要意义。

四、充分发挥环保 NGO 的功能

环保 NGO（Non-Governmental Organizations）是志愿性的公众组织，能够发动公众参与环境保护。许多环境 NGO 组织采取一些措施保护环境，加大环境的宣传教育，使公众的环保意识增强，并身体力行保护环境。政府应加强对环保 NGO 的支持和引导，使环保 NGO 的功能充分发挥。

（一）充分认识环保 NGO 参与环境治理的意义

NGO 参与环境治理有很大的影响效果，政府要认识到这一点。目前，政府是环境治理的唯一主体，还有很多的不足之处，政府不但要重视技术方面的创新，还有注重制度方面的改革，政府要与公众、环保民间组织合作，共同治理环境，使公众和环保民间组织也成为环境资源的主体，建立政府、企业、公众、环保组织一体的环境治理体系。

（二）增强环保NGO的自身发展能力

环保NGO的政治空间还不够宽阔，没有足够的政策保障，政府应该倡导并鼓励公众加入到环保NGO中去，从而环保NGO快速的发展壮大。环保NGO已经登记注册的，政府要加以保护和引导，并与环保NGO加强沟通，促进合作，使环保NGO成为政府和公众沟通的桥梁，政府和环保NGO之间建立良好的合作关系。

除此之外，一方面，环保NGO的素质也亟须提升，活动的范围有待进一步拓宽，人员要经过专业化的训练，从而能更准确地看待环境问题，也能更好地服务于社会；另一方面，环保NGO要注重吸收知识型人才，注重人员的培训，创立的项目要达到专业化和科学化水平，与国际的民间环保组织建立密切的互助合作关系。

（三）完善环保NGO的财税法律制度

对于环保NGO的注册问题，并没有明确的法律制度，民间环保组织只是挂靠在其他地方，地方政府不能持着多一事不如少一事的态度，而应该肩负起环保NGO的责任，制定相应的法律制度。另外，环保NGO的法律监督机制还不健全，环保NGO还不够透明化，政府应该对每一个非政府组织进行严格的审查，充分发挥政府的监督作用。

附录一 《生态文明体制改革总体方案》

（中共中央国务院 2015 年 9 月印发）

为加快建立系统完整的生态文明制度体系，加快推进生态文明建设，增强生态文明体制改革的系统性、整体性、协同性，制定本方案。

一、生态文明体制改革的总体要求

（一）生态文明体制改革的指导思想。全面贯彻党的十八大和十八届二中、三中、四中全会精神，以邓小平理论、“三个代表”重要思想、科学发展观为指导，深入贯彻落实习近平总书记系列重要讲话精神，按照党中央、国务院决策部署，坚持节约资源和保护环境基本国策，坚持节约优先、保护优先、自然恢复为主方针，立足我国社会主义初级阶段的基本国情和新的阶段性特征，以建设美丽中国为目标，以正确处理人与自然关系为核心，以解决生态环境领域突出问题为导向，保障国家生态安全，改善环境质量，提高资源利用效率，推动形成人与自然和谐发展的现代化建设新格局。

（二）生态文明体制改革的理念。树立尊重自然、顺应自然、保护自然的理念，生态文明建设不仅影响经济持续健康发展，也关系政治和社会建设，必须放在突出地位，融入经济建设、政治建设、文化建设、社会建设各方面和全过程。

树立发展和保护相统一的理念，坚持发展是硬道理的战略思想，发展必须是绿色发展、循环发展、低碳发展，平衡好发展和保护的关系，按照主体功能定位控制开发强度，调整空间结构，给子孙后代留下天蓝、地绿、水净的美好家园，实现发展与保护的内在统一、相互促进。

树立绿水青山就是金山银山的理念，清新空气、清洁水源、美丽山川、肥沃土地、生物多样性是人类生存必需的生态环境，坚持发展是第一要务，必须保护森林、草原、河流、湖泊、湿地、海洋等自然生态。

树立自然价值和自然资本的理念，自然生态是有价值的，保护自然就是增值自然价值和自然资本的过程，就是保护和发展生产力，就应得到合理回报和经济补偿。

树立空间均衡的理念，把握人口、经济、资源环境的平衡点推动发展，人口规模、产业结构、增长速度不能超出当地水土资源承载能力和环境容量。

树立山水林田湖是一个生命共同体的理念，按照生态系统的整体性、系统性及其内在规律，统筹考虑自然生态各要素、山上山下、地上地下、陆地海洋以及流域上下游，进行整体保护、系统修复、综合治理，增强生态系统循环能力，维护生态平衡。

（三）生态文明体制改革的原则。坚持正确改革方向，健全市场机制，更好发挥政府的主导和监管作用，发挥企业的积极性和自我约束作用，发挥社会组织和公众的参与和监督作用。

坚持自然资源资产的公有性质，创新产权制度，落实所有权，区分自然资源资产所有者权利和管理者权力，合理划分中央地方事权和监管职责，保障全体人民分享全民所有自然资源资产收益。

坚持城乡环境治理体系统一，继续加强城市环境保护和工业污染防治，加大生态环境保护工作对农村地区的覆盖，建立健全农村环境治理体制机制，加大对农村污染防治设施建设和资金投入力度。

坚持激励和约束并举，既要形成支持绿色发展、循环发展、低碳发展的利益导向机制，又要坚持源头严防、过程严管、损害严惩、责任追究，形成对各类市场主体的有效约束，逐步实现市场化、法治化、制度化。

坚持主动作为和国际合作相结合，加强生态环境保护是我们的自觉行为，同时要深化国际交流和务实合作，充分借鉴国际上的先进技术和体制机制建设有益经验，积极参与全球环境治理，承担并履行好同发展中大国相适应的国际责任。

坚持鼓励试点先行和整体协调推进相结合，在党中央、国务院统一部署下，先易后难、分步推进，成熟一项推出一项。支持各地区根据本方案确定的基本方向，因地制宜，大胆探索、大胆试验。

（四）生态文明体制改革的目标。到 2020 年，构建起由自然资源资产产权制度、国土空间开发保护制度、空间规划体系、资源总量管理和全面节约制度、资源有偿使用和生态补偿制度、环境治理体系、环境治理和生态保护市场体系、生态文明绩效评价考核和责任追究制度等八项制度构成的产权清晰、多元参与、激励约束并重、系统完整的生态文明制度体系，推进生态文明领域国家治理体系和治理能力现代化，努力走向社会主义生态文明新时代。

构建归属清晰、权责明确、监管有效的自然资源资产产权制度，着力解决自然资源所有者不到位、所有权边界模糊等问题。

构建以空间规划为基础、以用途管制为主要手段的国土空间开发保护制度，着力解决因无序开发、过度开发、分散开发导致的优质耕地和生态空间占用过多、生态破坏、环境污染等问题。

构建以空间治理和空间结构优化为主要内容，全国统一、相互衔接、分级管理的空间规划体系，着力解决空间性规划重叠冲突、部门职责交叉重复、地方规划朝令夕改等问题。

构建覆盖全面、科学规范、管理严格的资源总量管理和全面节约制度，着力解决资源使用浪费严重、利用效率不高等问题。

构建反映市场供求和资源稀缺程度、体现自然价值和代际补偿的资源有偿使用和生态补偿制度，着力解决自然资源及其产品价格偏低、生产开发成本低于社会成本、保护生态得不到合理回报等问题。

构建以改善环境质量为导向，监管统一、执法严明、多方参与的环境治理体系，着力解决污染防治能力弱、监管职能交叉、权责不一致、违法成本过低等问题。

构建更多运用经济杠杆进行环境治理和生态保护的市场体系，着力解决市场主体和市场体系发育滞后、社会参与度不高等问题。

构建充分反映资源消耗、环境损害和生态效益的生态文明绩效评价考核和责任追究制度，着力解决发展绩效评价不全面、责任落实不到位、损害责任追究缺失等问题。

二、健全自然资源资产产权制度

（五）建立统一的确权登记系统。坚持资源公有、物权法定，清晰界定全部国土空间各类自然资源资产的产权主体。对水流、森林、山岭、草原、荒地、滩涂等所有自然生态空间统一进行确权登记，逐步划清全民所有和集体所有之间的边界，划清全民所有、不同层级政府行使所有权的边界，划清不同集体所有者的边界。推进确权登记法治化。

（六）建立权责明确的自然资源产权体系。制定权力清单，明确各类自然资源产权主体权利。处理好所有权与使用权的关系，创新自然资源全民所有权和集体所有权的实现形式，除生态功能重要的外，可推动所有权和使用权相分离，明确占有、使用、收益、处分等权利归属关系和权责，适度扩大使用权的出让、转让、出租、抵押、担保、入股等权能。明确国有农场、林场和牧场土地所有者与使用者权能。全面建立覆盖各类全民所有自然资源资产的有偿出让制度，严禁无偿或低价出让。统筹规划，加强自然资源资产交易平台建设。

（七）健全国家自然资源资产管理体制。按照所有者和监管者分开和一件事情由一个部门负责的原则，整合分散的全民所有自然资源资产所有者职责，组建对全民所有的矿藏、水流、森林、山岭、草原、荒地、海域、滩涂等各类自然资源统一行使所有权的机构，负责全民所有自然资源的出让等。

（八）探索建立分级行使所有权的体制。对全民所有的自然资源资产，按照不同资源种类和在生态、经济、国防等方面的重要程度，研究实行中央和地方政府分级代理行使所有权职责的体制，实现效率和公平相统一。分清全民所有中央政府直接行使所有权、全民所有地方政府行使所有权的资源清单和空间范围。中央政府主要对石油天然气、贵重稀有矿产资源、重点国有林区、大江大河大湖和跨境河流、生态功能重要的湿地草原、海域滩涂、珍稀野生动植物种和部分国家公园等直接行使所有权。

（九）开展水流和湿地产权确权试点。探索建立水权制度，开展水域、岸线等水生态空间确权试点，遵循水生态系统性、整体性原则，分清水资源所有权、使用权及使用量。在甘肃、宁夏等地开展湿地产权确权试点。

三、建立国土空间开发保护制度

（十）完善主体功能区制度。统筹国家和省级主体功能区规划，健全基于主体功能区的区域政策，根据城市化地区、农产品主产区、重点生态功能区的不同定位，加快调整完善财政、产业、投资、人口流动、建设用地、资源开发、环境保护等政策。

（十一）健全国土空间用途管制制度。简化自上而下的用地指标控制体系，调整按行政区和用地基数分配指标的做法。将开发强度指标分解到各县级行政区，作为约束性指标，控制建设用地总量。将用途管制扩大到所有自然生态空间，划定并严守生态红线，严禁任意改变用途，防止不合理开发建设活动对生态红线的破坏。完善覆盖全部国土空间的监测系统，动态监测国土空间变化。

（十二）建立国家公园体制。加强对重要生态系统的保护和永续利用，改革各部门分头设置自然保护区、风景名胜区、文化自然遗产、地质公园、森林公园等的体制，对上述保护地进行功能重组，合理界定国家公园范围。国家公园实行更严格保护，除不损害生态系统的原住民生活生产设施改造和自然观光科研教育旅游外，禁止其他开发建设，保护自然生态和自然文化遗产原真性、完整性。加强对国家公园试点的指导，在试点基础上研究制定建立国家公园体制总体方案。构建保护珍稀野生动植物的长效机制。

（十三）完善自然资源监管体制。将分散在各部门的有关用途管制职责，逐步统一到一个部门，统一行使所有国土空间的用途管制职责。

四、建立空间规划体系

（十四）编制空间规划。整合目前各部门分头编制的各类空间性规划，编制统一的空间规划，实现规划全覆盖。空间规划是国家空间发展的指南、可持续发展的空间蓝图，是各类开发建设活动的基本依据。空间规划分为国家、省、市县（设区的市空间规划范围为市辖区）三级。研究建立统一规范的空间规划编制机制。鼓励开展省级空间规划试点。编制京津冀空间规划。

（十五）推进市县“多规合一”。支持市县推进“多规合一”，统一编制市县空间规划，逐步形成一个市县一个规划、一张蓝图。市县空间规划要统一土地分类标准，根据主体功能定位和省级空间规划要求，划定生产空间、生活空间、生态空间，明确城镇建设区、工业区、农村居民点等的开发边界，以及耕地、林地、草原、河流、湖泊、湿地等的保护边界，加强对城市地下空间的统筹规划。加强对市县“多规合一”试点的指导，研究制定市县空间规划编制指引和技术规范，形成可复制、能推广的经验。

（十六）创新市县空间规划编制方法。探索规范化的市县空间规划编制程序，扩大社会参与，增强规划的科学性和透明度。鼓励试点地区进行规划编制部门整合，由一个部门负责市县空间规划的编制，可成立由专业人员和有关方面代表组成的规划评议委员会。规划编制前应当进行资源环境承载能力评价，以评价结果作为规划的基本依据。规划编制过程中应当广泛征求各方面意见，全文公布规划草案，充分听取当地居民意见。规划经评议委员会论证通过后，由当地人民代表大会审议通过，并报上级政府部门备案。规划成果应当包括规划文本和较高精度的规划图，并在网络和其他本地媒体公布。鼓励当地居民对规划执行进行监督，对违反规划的开发建设行为进行举报。当地人民代表大会及其常务委员会定期听取空间规划执行情况报告，对当地政府违反规划行为进行问责。

五、完善资源总量管理和全面节约制度

（十七）完善最严格的耕地保护制度和土地节约集约利用制度。完善基本农田保护制度，划定永久基本农田红线，按照面积不减少、质量不下降、用途不改变的要求，将基本农田落地到户、上图入库，实行严格保护，除法律规定的国家重点建设项目选址确实无法避让外，其他任何建设不得占用。加强耕地质量等级评定与监测，强化耕地质量保护与提升建设。完善耕地占补平衡制度，对新增建设用地占用耕地规模实行总量控制，严格实行耕地占一补一、先补后占、占优补优。实施建设用地总量控制和减量化管理，建立节约集约用地激励和约束机制，调整结构，盘活存量，合理安排土地利用年度计划。

（十八）完善最严格的水资源管理制度。按照节水优先、空间均衡、系统治理、两手发力的方针，健全用水总量控制制度，保障水安全。加快制定主要江河流域水量分配方案，加强省级统筹，完善省市县三级取用水总量控制指标体系。建立健全节约集约用水机制，促进水资源使用结构调整和优化配置。完善规划和建设项目水资源论证制度。主要运用价格和税收手段，逐步建立农业灌溉用水量控制和定额管理、高耗水工业企业计划用水和定额管理制度。在严重缺水地区建立用水定额准入门槛，严格控制高耗水项目建设。加强水产品产地保护和环境修复，控制水产养殖，构建水生动植物保护机制。完善水功能区监督管理，建立促进非常规水源利用制度。

（十九）建立能源消费总量管理和节约制度。坚持节约优先，强化能耗强度控制，健全节能目标责任制和奖励制。进一步完善能源统计制度。健全重点用能单位节能管理制度，探索实行节能自愿承诺机制。完善节能标准体系，及时更新用能产品能效、高耗能行业能耗限额、建筑物能效等标准。合理确定全国能源消费总量目标，并分解落实到省级行政区和重点用能单位。健全节能低碳产品和技术装备推广机制，定期发布技术目录。强化节能评估审查和节能监察。加强对可再生能源发展的扶持，逐步取消对化石能源的普遍性补贴。逐步建立全国碳排放总量控制制度和分解落实机制，建立增加森林、草原、湿地、海洋碳汇的有效机制，加强应对气候

变化国际合作。

（二十）建立天然林保护制度。将所有天然林纳入保护范围。建立国家用材林储备制度。逐步推进国有林区政企分开，完善以购买服务为主的国有林场公益林管护机制。完善集体林权制度，稳定承包权，拓展经营权能，健全林权抵押贷款和流转制度。

（二十一）建立草原保护制度。稳定和完善草原承包经营制度，实现草原承包地块、面积、合同、证书“四到户”，规范草原经营权流转。实行基本草原保护制度，确保基本草原面积不减少、质量不下降、用途不改变。健全草原生态保护补奖机制，实施禁牧休牧、划区轮牧和草畜平衡等制度。加强对草原征用使用审核审批的监管，严格控制草原非牧使用。

（二十二）建立湿地保护制度。将所有湿地纳入保护范围，禁止擅自征用占用国际重要湿地、国家重要湿地和湿地自然保护区。确定各类湿地功能，规范保护利用行为，建立湿地生态修复机制。

（二十三）建立沙化土地封禁保护制度。将暂不具备治理条件的连片沙化土地划为沙化土地封禁保护区。建立严格保护制度，加强封禁和管护基础设施建设，加强沙化土地治理，增加植被，合理发展沙产业，完善以购买服务为主的管护机制，探索开发与治理结合新机制。

（二十四）健全海洋资源开发保护制度。实施海洋主体功能区制度，确定近海海域海岛主体功能，引导、控制和规范各类用海用岛行为。实行围填海总量控制制度，对围填海面积实行约束性指标管理。建立自然岸线保有率控制制度。完善海洋渔业资源总量管理制度，严格执行休渔禁渔制度，推行近海捕捞限额管理，控制近海和滩涂养殖规模。健全海洋督察制度。

（二十五）健全矿产资源开发利用管理制度。建立矿产资源开发利用水平调查评估制度，加强矿产资源查明登记和有偿计时占用登记管理。建立矿产资源集约开发机制，提高矿区企业集中度，鼓励规模化开发。完善重要矿产资源开采回采率、选矿回收率、综合利用率等国家标准。健全鼓励提高矿产资源利用水平的经济政策。建立矿山企业高效和综合利用信息公示制度，建立矿业权人“黑名单”制度。完善重要矿产资源回收利用的产业化扶持机制。完善矿山地质环境保护和土地复垦制度。

（二十六）完善资源循环利用制度。建立健全资源产出率统计体系。实行生产者责任延伸制度，推动生产者落实废弃产品回收处理等责任。建立种养业废弃物资源化利用制度，实现种养业有机结合、循环发展。加快建立垃圾强制分类制度。制定再生资源回收目录，对复合包装物、电池、农膜等低值废弃物实行强制回收。加快制定资源分类回收利用标准。建立资源再生产品和原料推广使用制度，相关原材料消耗企业要使用一定比例的资源再生产品。完善限制一次性用品使用制度。落实并完善资源综合利用和促进循环经济发展的税收政策。制定循环经济技术目录，实行政府优先采购、贷款贴息等政策。

六、健全资源有偿使用和生态补偿制度

（二十七）加快自然资源及其产品价格改革。按照成本、收益相统一的原则，充分考虑社会可承受能力，建立自然资源开发使用成本评估机制，将资源所有者权益和生态环境损害等纳入自然资源及其产品价格形成机制。加强对自然垄断环节的价格监管，建立定价成本监审制度和价格调整机制，完善价格决策程序和信息公开制度。推进农业水价综合改革，全面实行非居民用水超计划、超定额累进加价制度，全面推行城镇居民用水阶梯价格制度。

（二十八）完善土地有偿使用制度。扩大国有土地有偿使用范围，扩大招拍挂出让比例，减少非公益性用地划拨，国有土地出让收支纳入预算管理。改革完善工业用地供应方式，探索实行弹性出让年限以及长期租赁、先租后让、租让结合供应。完善地价形成机制和评估制度，健全土地等级价体系，理顺与土地相关的出让金、租金和税费关系。建立有效调节工业用地和居住用地合理比价机制，提高工业用地出让地价水平，降低工业用地比例。探索通过土地承包经营、出租等方式，健全国有农用地有偿使用制度。

（二十九）完善矿产资源有偿使用制度。完善矿业权出让制度，建立符合市场经济要求和矿业规律的探矿权采矿权出让方式，原则上实行市场化出让，国有矿产资源出让收支纳入预算管理。理清有偿取得、占用和开采中所有者、投资者、使用者的产权关系，研究建立矿产资源国家权益金制度。调整探矿权采矿权使用费标准、矿产资源最低勘查投入标准。推进实现全国统一的矿业权交易平台建设，加大矿业权出让转让信息公开力度。

（三十）完善海域海岛有偿使用制度。建立海域、无居民海岛使用金征收标准调整机制。建立健全海域、无居民海岛使用权招拍挂出让制度。

（三十一）加快资源环境税费改革。理顺自然资源及其产品税费关系，

明确各自功能，合理确定税收调控范围。加快推进资源税从价计征改革，逐步将资源税扩展到占用各种自然生态空间，在华北部分地区开展地下水征收资源税改革试点。加快推进环境保护税立法。

（三十二）完善生态补偿机制。探索建立多元化补偿机制，逐步增加对重点生态功能区转移支付，完善生态保护成效与资金分配挂钩的激励约束机制。制定横向生态补偿机制办法，以地方补偿为主，中央财政给予支持。鼓励各地区开展生态补偿试点，继续推进新安江水环境补偿试点，推动在京津冀水源涵养区、广西广东九洲江、福建广东汀江—韩江等开展跨地区生态补偿试点，在长江流域水环境敏感地区探索开展流域生态补偿试点。

（三十三）完善生态保护修复资金使用机制。按照山水林田湖系统治理的要求，完善相关资金使用管理办法，整合现有政策和渠道，在深入推进国土江河综合整治的同时，更多用于青藏高原生态屏障、黄土高原—川滇生态屏障、东北森林带、北方防沙带、南方丘陵山地带等国家生态安全屏障的保护修复。

（三十四）建立耕地草原河湖休养生息制度。编制耕地、草原、河湖休养生息规划，调整严重污染和地下水严重超采地区的耕地用途，逐步将25 度以上不适宜耕种且有损生态的陡坡地退出基本农田。建立巩固退耕还林还草、退牧还草成果长效机制。开展退田还湖还湿试点，推进长株潭地区土壤重金属污染修复试点、华北地区地下水超采综合治理试点。

七、建立健全环境治理体系

（三十五）完善污染物排放许可制。尽快在全国范围建立统一公平、覆盖所有固定污染源的企业排放许可制，依法核发排污许可证，排污者必须持证排污，禁止无证排污或不按许可证规定排污。

（三十六）建立污染防治区域联动机制。完善京津冀、长三角、珠三角等重点区域大气污染防治联防联控协作机制，其他地方要结合地理特征、污染程度、城市空间分布以及污染物输送规律，建立区域协作机制。在部分地区开展环境保护管理体制创新试点，统一规划、统一标准、统一环评、统一监测、统一执法。开展按流域设置环境监管和行政执法机构试点，构建各流域内相关省级涉水部门参加、多形式的流域水环境保护协作机制和风险预警防控体系。建立陆海统筹的污染防治机制和重点海域污染物排海总量控制制度。完善突发环境事件应急机制，提高与环境风险程度、污染物种类等相匹配的突发环境事件应急处置能力。

（三十七）建立农村环境治理体制机制。建立以绿色生态为导向的农业补贴制度，加快制定和完善相关技术标准和规范，加快推进化肥、农药、农膜减量化以及畜禽养殖废弃物资源化和无害化，鼓励生产使用可降解农膜。完善农作物秸秆综合利用制度。健全化肥农药包装物、农膜回收贮运加工网络。采取财政和村集体补贴、住户付费、社会资本参与的投入运营机制，加强农村污水和垃圾处理等环保设施建设。采取政府购买服务等多种扶持措施，培育发展各种形式的农业面源污染治理、农村污水垃圾处理市场主体。强化县乡两级政府的环境保护职责，加强环境监管能力建设。财政支农资金的使用要统筹考虑增强农业综合生产能力和防治农村污染。

（三十八）健全环境信息公开制度。全面推进大气和水等环境信息公开、排污单位环境信息公开、监管部门环境信息公开，健全建设项目环境影响评价信息公开机制。健全环境新闻发言人制度。引导人民群众树立环保意识，完善公众参与制度，保障人民群众依法有序行使环境监督权。建立环境保护网络举报平台和举报制度，健全举报、听证、舆论监督等制度。

（三十九）严格实行生态环境损害赔偿制度。强化生产者环境保护法律责任，大幅度提高违法成本。健全环境损害赔偿方面的法律制度、评估方法和实施机制，对违反环保法律法规的，依法严惩重罚；对造成生态环境损害的，以损害程度等因素依法确定赔偿额度；对造成严重后果的，依法追究刑事责任。

（四十）完善环境保护管理制度。建立和完善严格监管所有污染物排放的环境保护管理制度，将分散在各部门的环境保护职责调整到一个部门，逐步实行城乡环境保护工作由一个部门进行统一监管和行政执法的体制。有序整合不同领域、不同部门、不同层次的监管力量，建立权威统一的环境执法体制，充实执法队伍，赋予环境执法强制执行的必要条件和手段。完善行政执法和环境司法的衔接机制。

八、健全环境治理和生态保护市场体系

（四十一）培育环境治理和生态保护市场主体。采取鼓励发展节能环保产业的体制机制和政策措施。废止妨碍形成全国统一市场和公平竞争的规定和做法，鼓励各类投资进入环保市场。能由政府和社会资本合作开展

的环境治理和生态保护事务，都可以吸引社会资本参与建设和运营。通过政府购买服务等方式，加大对环境污染第三方治理的支持力度。加快推进污水垃圾处理设施运营管理单位向独立核算、自主经营的企业转变。组建或改组设立国有资本投资运营公司，推动国有资本加大对环境治理和生态保护等方面的投入。支持生态环境保护领域国有企业实行混合所有制改革。

（四十二）推行用能权和碳排放权交易制度。结合重点用能单位节能行动和新建项目能评审查，开展项目节能量交易，并逐步改为基于能源消费总量管理下的用能权交易。建立用能权交易系统、测量与核准体系。推广合同能源管理。深化碳排放权交易试点，逐步建立全国碳排放权交易市场，研究制定全国碳排放权交易总量设定与配额分配方案。完善碳交易注册登记系统，建立碳排放权交易市场监管体系。

（四十三）推行排污权交易制度。在企业排污总量控制制度基础上，尽快完善初始排污权核定，扩大涵盖的污染物覆盖面。在现行以行政区为单元层层分解机制基础上，根据行业先进排污水平，逐步强化以企业为单元进行总量控制、通过排污权交易获得减排收益的机制。在重点流域和大气污染重点区域，合理推进跨行政区排污权交易。扩大排污权有偿使用和交易试点，将更多条件成熟地区纳入试点。加强排污权交易平台建设。制定排污权核定、使用费收取使用和交易价格等规定。

（四十四）推行水权交易制度。结合水生态补偿机制的建立健全，合理界定和分配水权，探索地区间、流域间、流域上下游、行业间、用水户间等水权交易方式。研究制定水权交易管理办法，明确可交易水权的范围和类型、交易主体和期限、交易价格形成机制、交易平台运作规则等。开展水权交易平台建设。

（四十五）建立绿色金融体系。推广绿色信贷，研究采取财政贴息等方式加大扶持力度，鼓励各类金融机构加大绿色信贷的发放力度，明确贷款人的尽职免责要求和环境保护法律责任。加强资本市场相关制度建设，研究设立绿色股票指数和发展相关投资产品，研究银行和企业发行绿色债券，鼓励对绿色信贷资产实行证券化。支持设立各类绿色发展基金，实行市场化运作。建立上市公司环保信息强制性披露机制。完善对节能低碳、生态环保项目的各类担保机制，加大风险补偿力度。在环境高风险领域建立环境污染强制责任保险制度。建立绿色评级体系以及公益性的环境成本核算和影响评估体系。积极推动绿色金融领域各类国际合作。

（四十六）建立统一的绿色产品体系。将目前分头设立的环保、节能、节水、循环、低碳、再生、有机等产品统一整合为绿色产品，建立统一的绿色产品标准、认证、标识等体系。完善对绿色产品研发生产、运输配送、购买使用的财税金融支持和政府采购等政策。

九、完善生态文明绩效评价考核和责任追究制度

（四十七）建立生态文明目标体系。研究制定可操作、可视化的绿色发展指标体系。制定生态文明建设目标评价考核办法，把资源消耗、环境损害、生态效益纳入经济社会发展评价体系。根据不同区域主体功能定位，实行差异化绩效评价考核。

（四十八）建立资源环境承载能力监测预警机制。研究制定资源环境承载能力监测预警指标体系和技术方法，建立资源环境监测预警数据库和信息技术平台，定期编制资源环境承载能力监测预警报告，对资源消耗和环境容量超过或接近承载能力的地区，实行预警提醒和限制性措施。

（四十九）探索编制自然资源资产负债表。制定自然资源资产负债表编制指南，构建水资源、土地资源、森林资源等的资产和负债核算方法，建立实物量核算账户，明确分类标准和统计规范，定期评估自然资源资产变化状况。在市县层面开展自然资源资产负债表编制试点，核算主要自然资源实物量账户并公布核算结果。

（五十）对领导干部实行自然资源资产离任审计。在编制自然资源资产负债表和合理考虑客观自然因素基础上，积极探索领导干部自然资源资产离任审计的目标、内容、方法和评价指标体系。以领导干部任期内辖区自然资源资产变化状况为基础，通过审计，客观评价领导干部履行自然资源资产管理责任情况，依法界定领导干部应当承担的责任，加强审计结果运用。在内蒙古呼伦贝尔市、浙江湖州市、湖南娄底市、贵州赤水市、陕西延安市开展自然资源资产负债表编制试点和领导干部自然资源资产离任审计试点。

（五十一）建立生态环境损害责任终身追究制。实行地方党委和政府领导成员生态文明建设一岗双责制。以自然资源资产离任审计结果和生态环境损害情况为依据，明确对地方党委和政府领导班子主要负责人、有关领导人员、部门负责人的追责情形和认定程序。区分情节轻重，对造成生态环境损害的，予以诫勉、责令公开道歉、组织处理或党纪政纪处分，对构成犯罪的依法追究刑事责任。对领导干部离任后出现重大生态环境损害

并认定其需要承担责任的，实行终身追责。建立国家环境保护督察制度。

十、生态文明体制改革的实施保障

（五十二）加强对生态文明体制改革的领导。各地区各部门要认真学习领会中央关于生态文明建设和体制改革的精神，深刻认识生态文明体制改革的重大意义，增强责任感、使命感、紧迫感，认真贯彻党中央、国务院决策部署，确保本方案确定的各项改革任务加快落实。各有关部门要按照本方案要求抓紧制定单项改革方案，明确责任主体和时间进度，密切协调配合，形成改革合力。

（五十三）积极开展试点试验。充分发挥中央和地方两个积极性，鼓励各地区按照本方案的改革方向，从本地实际出发，以解决突出生态环境问题为重点，发挥主动性，积极探索和推动生态文明体制改革，其中需要法律授权的按法定程序办理。将各部门自行开展的综合性生态文明试点统一为国家试点试验，各部门要根据各自职责予以指导和推动。

（五十四）完善法律法规。制定完善自然资源资产产权、国土空间开发保护、国家公园、空间规划、海洋、应对气候变化、耕地质量保护、节水和地下水管理、草原保护、湿地保护、排污许可、生态环境损害赔偿等方面的法律法规，为生态文明体制改革提供法治保障。

（五十五）加强舆论引导。面向国内外，加大生态文明建设和体制改革宣传力度，统筹安排、正确解读生态文明各项制度的内涵和改革方向，培育普及生态文化，提高生态文明意识，倡导绿色生活方式，形成崇尚生态文明、推进生态文明建设和体制改革的良好氛围。

（五十六）加强督促落实。中央全面深化改革领导小组办公室、经济体制和生态文明体制改革专项小组要加强统筹协调，对本方案落实情况进行跟踪分析和督促检查，正确解读和及时解决实施中遇到的问题，重大问题要及时向党中央、国务院请示报告。

（新华社北京9月21日电）

附录二　中华人民共和国环境保护法

第一章　总　则

第一条　为保护和改善生活环境与生态环境，防治污染和其他公害，保障人体健康，促进社会主义现代化建设的发展，制定本法。

第二条　本法所称环境，是指影响人类生存和发展的各种天然的和经过人工改造的自然因素的总体，包括大气、水、海洋、土地、矿藏、森林、草原、野生生物、自然遗迹、人文遗迹、自然保护区、风景名胜区、城市和乡村等。

第三条　本法适用于中华人民共和国领域和中华人民共和国管辖的其他海域。

第四条　国家制定的环境保护规划必须纳入国民经济和社会发展计划，国家采取有利于环境保护的经济、技术政策和措施，使环境保护工作同经济建设和社会发展相协调。

第五条　国家鼓励环境保护科学教育事业的发展，加强环境保护科学技术的研究和开发，提高环境保护科学技术水平，普及环境保护的科学知识。

第六条　一切单位和个人都有保护环境的义务，并有权对污染和破坏环境的单位和个人进行检举和控告。

第七条　国务院环境保护行政主管部门，对全国环境保护工作实施统一监督管理。

县级以上地方人民政府环境保护行政主管部门，对本辖区的环境保护工作实施统一监督管理。

国家海洋行政主管部门、港务监督、渔政渔港监督、军队环境保护部门和各级公安、交通、铁道、民航管理部门，依照有关法律的规定对环境污染防治实施监督管理。

县级以上人民政府的土地、矿产、林业、农业、水利行政主管部门，依照有关法律的规定对资源的保护实施监督管理。

第八条 对保护环境有显著成绩的单位和个人，由人民政府给予奖励。

第二章 环境监督管理

第九条 国务院环境保护行政主管部门制定国家环境质量标准。

省、自治区、直辖市人民政府对国家环境质量标准中未作规定的项目，可以制定地方环境质量标准，并报国务院环境保护行政主管部门备案。

第十条 国务院环境保护行政主管部门根据国家环境质量标准和国家经济、技术条件，制定国家污染物排放标准。

省、自治区、直辖市人民政府对国家污染物排放标准中未作规定的项目，可以制定地方污染物排放标准；对国家污染物排放标准中已作规定的项目，可以制定严于国家污染物排放标准的地方污染物排放标准。地方污染物排放标准须报国务院环境保护行政主管部门备案。

凡是向已有地方污染物排放标准的区域排放污染物的，应当执行地方污染物排放标准。

第十一条 国务院环境保护行政主管部门建立监测制度，制定监测规范，会同有关部门组织监测网络，加强对环境监测和管理。国务院和省、自治区、直辖市人民政府的环境保护行政主管部门，应当定期发布环境状况公报。

第十二条 县级以上人民政府环境保护行政主管部门，应当会同有关部门对管辖范围内的环境状况进行调查和评价，拟订环境保护规划，经计划部门综合平衡后，报同级人民政府批准实施。

第十三条 建设污染环境的项目，必须遵守国家有关建设项目环境保护管理的规定。

建设项目的环境影响报告书，必须对建设项目产生的污染和对环境的影响作出评价，规定防治措施，经项目主管部门预审并依照规定的程序报环境保护行政主管部门批准。环境影响报告书经批准后，计划部门方可批准建设项目设计任务书。

第十四条 县级以上人民政府环境保护行政主管部门或者其他依照法律规定行使环境监督管理权的部门，有权对管辖范围内的排污单位进行现场检查。被检查的单位应当如实反映情况，提供必要的资料。检查机关应当为被检查的单位保守技术秘密和业务秘密。

第十五条 跨行政区的环境污染和环境破坏的防治工作，由有关地方人民政府协商解决，或者由上级人民政府协调解决，做出决定。

第三章 保护和改善环境

第十六条 地方各级人民政府，应当对本辖区的环境质量负责，采取措施改善环境质量。

第十七条 各级人民政府对具有代表性的各种类型的自然生态系统区域，珍稀、濒危的野生动植物自然分布区域，重要的水源涵养区域，具有重大科学文化价值的地质构造、著名溶洞和化石分布区、冰川、火山、温泉等自然遗迹，以及人文遗迹、古树名木，应当采取措施加以保护，严禁破坏。

第十八条 在国务院、国务院有关主管部门和省、自治区、直辖市人民政府划定的风景名胜区、自然保护区和其他需要特别保护的区域内，不得建设污染环境的工业生产设施；建设其他设施，其污染物排放不得超过规定的排放标准。已经建成的设施，其污染物排放超过规定的排放标准的，限期治理。

第十九条 开发利用自然资源，必须采取措施保护生态环境。

第二十条 各级人民政府应当加强对农业环境的保护，防治土壤污染、土地沙化、盐渍化、贫瘠化、沼泽化、地面沉降和防治植被破坏、水土流失、水源枯竭、种源灭绝以及其他生态失调现象的发生和发展，推广植物病虫害的综合防治，合理使用化肥、农药及植物生长激素。

第二十一条 国务院和沿海地方各级人民政府应当加强对海洋环境的保护。向海洋排放污染物、倾倒废弃物，进行海岸工程建设和海洋石油勘探开发，必须依照法律的规定，防止对海洋环境的污染损害。

第二十二条 制定城市规划，应当确定保护和改善环境的目标和任务。

第二十三条 城乡建设应当结合当地自然环境的特点，保护植被、水域和自然景观，加强城市园林、绿地和风景名胜区的建设。

第四章　防治环境污染和其他公害

第二十四条　产生环境污染和其他公害的单位，必须把环境保护工作纳入计划，建立环境保护责任制度；采取有效措施，防治在生产建设或者其他活动中产生的废气、废水、废渣、粉尘、恶臭气体、放射性物质以及噪声、震动、电磁波辐射等对环境的污染和危害。

第二十五条　新建工业企业和现有工业企业的技术改造，应当采用资源利用率高、污染物排放量少的设备和工艺，采用经济合理的废弃物综合利用技术和污染物处理技术。

第二十六条　建设项目中防治污染的设施，必须与主体工程同时设计、同时施工、同时投产使用。防治污染的设施必须经原审批环境影响报告书的环境保护行政主管部门验收合格后，该建设项目方可投入生产或者使用。

防治污染的设施不得擅自拆除或者闲置，确有必要拆除或者闲置的，必须征得所在地的环境保护行政主管部门同意。

第二十七条　排放污染物的企业事业单位，必须依照国务院环境保护行政主管部门的规定申报登记。

第二十八条　排放污染物超过国家或者地方规定的污染物排放标准的企业事业单位，依照国家规定缴纳超标准排污费，并负责治理。水污染防治法另有规定的，依照水污染防治法的规定执行。

征收的超标准排污费必须用于污染的防治，不得挪作他用，具体使用办法由国务院规定。

第二十九条　对造成环境严重污染的企业事业单位，限期治理。

中央或者省、自治区、直辖市人民政府直接管辖的企业事业单位的限期治理，由省、自治区、直辖市人民政府决定。市、县或者市、县以下人民政府管辖的企业事业单位的限期治理，由市、县人民政府决定。被限期治理的企业事业单位必须如期完成治理任务。

第三十条　禁止引进不符合我国环境保护规定要求的技术和设备。

第三十一条　因发生事故或者其他突然性事件，造成或者可能造成污染事故的单位，必须立即采取措施处理，及时通报可能受到污染危害的单位和居民，并向当地环境保护行政主管部门和有关部门报告，接受调查处理。

可能发生重大污染事故的企业事业单位，应当采取措施，加强防范。

第三十二条 县级以上地方人民政府环境保护行政主管部门，在环境受到严重污染威胁居民生命财产安全时，必须立即向当地人民政府报告，由人民政府采取有效措施，解除或者减轻危害。

第三十三条 生产、储存、运输、销售、使用有毒化学物品和含有放射性物质的物品，必须遵守国家有关规定，防止污染环境。

第三十四条 任何单位不得将产生严重污染的生产设备转移给没有污染防治能力的单位使用。

第五章　法律责任

第三十五条 违反本法规定，有下列行为之一的，环境保护行政主管部门或者其他依照法律规定行使环境监督管理权的部门可以根据不同情节，给予警告或者处以罚款。

（一）拒绝环境保护行政主管部门或者其他依照法律规定行使环境监督管理权的部门现场检查或者在被检查时弄虚作假的。

（二）拒报或者谎报国务院环境保护行政主管部门规定的有关污染物排放申报事项的。

（三）不按国家规定缴纳超标准排污费的。

（四）引进不符合我国环境保护规定要求的技术和设备的。

（五）将产生严重污染的生产设备转移给没有污染防治能力的单位使用的。

第三十六条 建设项目的防治污染设施没有建成或者没有达到国家规定的要求，投入生产或者使用的，由批准该建设项目的环境影响报告书的环境保护行政主管部门责令停止生产或者使用，可以并处罚款。

第三十七条 未经环境保护行政主管部门同意，擅自拆除或者闲置防治污染的设施，污染物排放超过规定的排放标准的，由环境保护行政主管部门责令重新安装使用，并处罚款。

第三十八条 对违反本法规定，造成环境污染事故的企业事业单位，由环境保护行政主管部门或者其他依照法律规定行使环境监督管理权的部门根据所造成的危害后果处以罚款；情节较重的，对有关责任人员由其所在单位或者政府主管机关给予行政处分。

第三十九条　对经限期治理逾期未完成治理任务的企业事业单位，除依照国家规定加收超标准排污费外，可以根据所造成的危害后果处以罚款，或者责令停业、关闭。

前款规定的罚款由环境保护行政主管部门决定。责令停业、关闭，由作出限期治理决定的人民政府决定；责令中央直接管辖的企业事业单位停业、关闭，须报国务院批准。

第四十条　当事人对行政处罚决定不服的，可以在接到处罚通知之日起十五是内，向作出处罚决定的机关的上一级机关申请复议；对复议决定不服的，可以在接到复议决定之日起十五日内，向人民法院起诉。当事人也可以在接到处罚通知之日起十五日内，直接向人民法院起诉。当事人逾期不申请复议、也不向人民法院起诉、又不履行处罚决定的，由作出处罚决定的机关申请人民法院强制执行。

第四十一条　造成环境污染危害的，有责任排除危害，并对直接受到损害的单位或者个人赔偿损失。

赔偿责任和赔偿金额的纠纷，可以根据当事人的请求，由环境保护行政主管部门或者其他依照本法律规定行使环境监督管理权的部门处理；当事人对处理决定不服的，可以向人民法院起诉。当事人也可以直接向人民法院起诉。

完全由于不可抗拒的自然灾害，并经及时采取合理措施，仍然不能避免造成环境污染损害的，免予承担责任。

第四十二条　因环境污染损害赔偿提起诉讼的时效期间为三年，从当事人知道或者应当知道受到污染损害时起计算。

第四十三条　违反本法规定，造成重大环境污染事故，导致公私财产重大损失或者人身伤亡的严重后果的，对直接责任人员依法追究刑事责任。

第四十四条　违反本法规定，造成土地、森林、草原、水、矿产、渔业、野生动植物等资源的破坏的，依照有关法律的规定承担法律责任。

第四十五条　环境保护监督管理人员滥用职权、玩忽职守、徇私舞弊的，由其所在单位或者上级主管机关给予行政处分；构成犯罪的，依法追究刑事责任。

第六章　附　则

第四十六条　中华人民共和国缔结或者参加的与环境保护有关的国际

条约，同中华人民共和国法律有不同规定的，适用国际条约的规定，但中华人民共和国声明保留的条款除外。

第四十七条 本法自公布之日起施行《中华人民共和国环境保护法（试行）》同时废止。

附录三　中华人民共和国循环经济促进法

（2008 年 8 月 29 日第十一届全国人民代表大会
常务委员会第四次会议通过）

目　　录

第一章　总　则

第一条　为了促进循环经济发展，提高资源利用效率，保护和改善环境，实现可持续发展，制定本法。

第二条　本法所称循环经济，是指在生产、流通和消费等过程中进行的减量化、再利用、资源化活动的总称。

本法所称减量化，是指在生产、流通和消费等过程中减少资源消耗和废物产生。

本法所称再利用，是指将废物直接作为产品或者经修复、翻新、再制造后继续作为产品使用，或者将废物的全部或者部分作为其他产品的部件予以使用。

本法所称资源化，是指将废物直接作为原料进行利用或者对废物进行再生利用。

第三条 发展循环经济是国家经济社会发展的一项重大战略，应当遵循统筹规划、合理布局，因地制宜、注重实效，政府推动、市场引导，企业实施、公众参与的方针。

第四条 发展循环经济应当在技术可行、经济合理和有利于节约资源、保护环境的前提下，按照减量化优先的原则实施。

在废物再利用和资源化过程中，应当保障生产安全，保证产品质量符合国家规定的标准，并防止产生再次污染。

第五条 国务院循环经济发展综合管理部门负责组织协调、监督管理全国循环经济发展工作；国务院环境保护等有关主管部门按照各自的职责负责有关循环经济的监督管理工作。

县级以上地方人民政府循环经济发展综合管理部门负责组织协调、监督管理本行政区域的循环经济发展工作；县级以上地方人民政府环境保护等有关主管部门按照各自的职责负责有关循环经济的监督管理工作。

第六条 国家制定产业政策，应当符合发展循环经济的要求。

县级以上人民政府编制国民经济和社会发展规划及年度计划，县级以上人民政府有关部门编制环境保护、科学技术等规划，应当包括发展循环经济的内容。

第七条 国家鼓励和支持开展循环经济科学技术的研究、开发和推广，鼓励开展循环经济宣传、教育、科学知识普及和国际合作。

第八条 县级以上人民政府应当建立发展循环经济的目标责任制，采取规划、财政、投资、政府采购等措施，促进循环经济发展。

第九条 企业事业单位应当建立健全管理制度，采取措施，降低资源消耗，减少废物的产生量和排放量，提高废物的再利用和资源化水平。

第十条 公民应当增强节约资源和保护环境意识，合理消费，节约资源。

国家鼓励和引导公民使用节能、节水、节材和有利于保护环境的产品及再生产品，减少废物的产生量和排放量。

公民有权举报浪费资源、破坏环境的行为，有权了解政府发展循环经济的信息并提出意见和建议。

第十一条 国家鼓励和支持行业协会在循环经济发展中发挥技术指导和服务作用。县级以上人民政府可以委托有条件的行业协会等社会组织开展促进循环经济发展的公共服务。

国家鼓励和支持中介机构、学会和其他社会组织开展循环经济宣传、技术推广和咨询服务，促进循环经济发展。

第二章　基本管理制度

第十二条　国务院循环经济发展综合管理部门会同国务院环境保护等有关主管部门编制全国循环经济发展规划，报国务院批准后公布施行。设区的市级以上地方人民政府循环经济发展综合管理部门会同本级人民政府环境保护等有关主管部门编制本行政区域循环经济发展规划，报本级人民政府批准后公布施行。

循环经济发展规划应当包括规划目标、适用范围、主要内容、重点任务和保障措施等，并规定资源产出率、废物再利用和资源化率等指标。

第十三条　县级以上地方人民政府应当依据上级人民政府下达的本行政区域主要污染物排放、建设用地和用水总量控制指标，规划和调整本行政区域的产业结构，促进循环经济发展。

新建、改建、扩建建设项目，必须符合本行政区域主要污染物排放、建设用地和用水总量控制指标的要求。

第十四条　国务院循环经济发展综合管理部门会同国务院统计、环境保护等有关主管部门建立和完善循环经济评价指标体系。

上级人民政府根据前款规定的循环经济主要评价指标，对下级人民政府发展循环经济的状况定期进行考核，并将主要评价指标完成情况作为对地方人民政府及其负责人考核评价的内容。

第十五条　生产列入强制回收名录的产品或者包装物的企业，必须对废弃的产品或者包装物负责回收；对其中可以利用的，由各该生产企业负责利用；对因不具备技术经济条件而不适合利用的，由各该生产企业负责无害化处置。

对前款规定的废弃产品或者包装物，生产者委托销售者或者其他组织进行回收的，或者委托废物利用或者处置企业进行利用或者处置的，受托方应当依照有关法律、行政法规的规定和合同的约定负责回收或者利用、处置。

对列入强制回收名录的产品和包装物，消费者应当将废弃的产品或者包装物交给生产者或者其委托回收的销售者或者其他组织。

强制回收的产品和包装物的名录及管理办法，由国务院循环经济发展综合管理部门规定。

第十六条 国家对钢铁、有色金属、煤炭、电力、石油加工、化工、建材、建筑、造纸、印染等行业年综合能源消费量、用水量超过国家规定总量的重点企业，实行能耗、水耗的重点监督管理制度。

重点能源消费单位的节能监督管理，依照《中华人民共和国节约能源法》的规定执行。

重点用水单位的监督管理办法，由国务院循环经济发展综合管理部门会同国务院有关部门规定。

第十七条 国家建立健全循环经济统计制度，加强资源消耗、综合利用和废物产生的统计管理，并将主要统计指标定期向社会公布。

国务院标准化主管部门会同国务院循环经济发展综合管理和环境保护等有关主管部门建立健全循环经济标准体系，制定和完善节能、节水、节材和废物再利用、资源化等标准。

国家建立健全能源效率标识等产品资源消耗标识制度。

第三章 减 量 化

第十八条 国务院循环经济发展综合管理部门会同国务院环境保护等有关主管部门，定期发布鼓励、限制和淘汰的技术、工艺、设备、材料和产品名录。

禁止生产、进口、销售列入淘汰名录的设备、材料和产品，禁止使用列入淘汰名录的技术、工艺、设备和材料。

第十九条 从事工艺、设备、产品及包装物设计，应当按照减少资源消耗和废物产生的要求，优先选择采用易回收、易拆解、易降解、无毒无害或者低毒低害的材料和设计方案，并应当符合有关国家标准的强制性要求。

对在拆解和处置过程中可能造成环境污染的电器电子等产品，不得设计使用国家禁止使用的有毒有害物质。禁止在电器电子等产品中使用的有毒有害物质名录，由国务院循环经济发展综合管理部门会同国务院环境保护等有关主管部门制定。

设计产品包装物应当执行产品包装标准，防止过度包装造成资源浪费和环境污染。

第二十条 工业企业应当采用先进或者适用的节水技术、工艺和设备，制定并实施节水计划，加强节水管理，对生产用水进行全过程控制。

工业企业应当加强用水计量管理，配备和使用合格的用水计量器具，建立水耗统计和用水状况分析制度。

新建、改建、扩建建设项目，应当配套建设节水设施。节水设施应当与主体工程同时设计、同时施工、同时投产使用。

国家鼓励和支持沿海地区进行海水淡化和海水直接利用，节约淡水资源。

第二十一条 国家鼓励和支持企业使用高效节油产品。

电力、石油加工、化工、钢铁、有色金属和建材等企业，必须在国家规定的范围和期限内，以洁净煤、石油焦、天然气等清洁能源替代燃料油，停止使用不符合国家规定的燃油发电机组和燃油锅炉。

内燃机和机动车制造企业应当按照国家规定的内燃机和机动车燃油经济性标准，采用节油技术，减少石油产品消耗量。

第二十二条 开采矿产资源，应当统筹规划，制定合理的开发利用方案，采用合理的开采顺序、方法和选矿工艺。采矿许可证颁发机关应当对申请人提交的开发利用方案中的开采回采率、采矿贫化率、选矿回收率、矿山水循环利用率和土地复垦率等指标依法进行审查；审查不合格的，不予颁发采矿许可证。采矿许可证颁发机关应当依法加强对开采矿产资源的监督管理。

矿山企业在开采主要矿种的同时，应当对具有工业价值的共生和伴生矿实行综合开采、合理利用；对必须同时采出而暂时不能利用的矿产以及含有有用组分的尾矿，应当采取保护措施，防止资源损失和生态破坏。

第二十三条 建筑设计、建设、施工等单位应当按照国家有关规定和标准，对其设计、建设、施工的建筑物及构筑物采用节能、节水、节地、节材的技术工艺和小型、轻型、再生产品。有条件的地区，应当充分利用太阳能、地热能、风能等可再生能源。

国家鼓励利用无毒无害的固体废物生产建筑材料，鼓励使用散装水泥，推广使用预拌混凝土和预拌砂浆。

禁止损毁耕地烧砖。在国务院或者省、自治区、直辖市人民政府规定的期限和区域内，禁止生产、销售和使用黏土砖。

第二十四条 县级以上人民政府及其农业等主管部门应当推进土地集约利用，鼓励和支持农业生产者采用节水、节肥、节药的先进种植、养殖和灌溉技术，推动农业机械节能，优先发展生态农业。

在缺水地区，应当调整种植结构，优先发展节水型农业，推进雨水集蓄利用，建设和管护节水灌溉设施，提高用水效率，减少水的蒸发和漏失。

第二十五条 国家机关及使用财政性资金的其他组织应当厉行节约、杜绝浪费，带头使用节能、节水、节地、节材和有利于保护环境的产品、设备和设施，节约使用办公用品。国务院和县级以上地方人民政府管理机关事务工作的机构会同本级人民政府有关部门制定本级国家机关等机构的用能、用水定额指标，财政部门根据该定额指标制定支出标准。

城市人民政府和建筑物的所有者或者使用者，应当采取措施，加强建筑物维护管理，延长建筑物使用寿命。对符合城市规划和工程建设标准，在合理使用寿命内的建筑物，除为了公共利益的需要外，城市人民政府不得决定拆除。

第二十六条 餐饮、娱乐、宾馆等服务性企业，应当采用节能、节水、节材和有利于保护环境的产品，减少使用或者不使用浪费资源、污染环境的产品。

本法施行后新建的餐饮、娱乐、宾馆等服务性企业，应当采用节能、节水、节材和有利于保护环境的技术、设备和设施。

第二十七条 国家鼓励和支持使用再生水。在有条件使用再生水的地区，限制或者禁止将自来水作为城市道路清扫、城市绿化和景观用水使用。

第二十八条 国家在保障产品安全和卫生的前提下，限制一次性消费品的生产和销售。具体名录由国务院循环经济发展综合管理部门会同国务院财政、环境保护等有关主管部门制定。

对列入前款规定名录中的一次性消费品的生产和销售，由国务院财政、税务和对外贸易等主管部门制定限制性的税收和出口等措施。

第四章　再利用和资源化

第二十九条 县级以上人民政府应当统筹规划区域经济布局，合理调整产业结构，促进企业在资源综合利用等领域进行合作，实现资源的高效利用和循环使用。

各类产业园区应当组织区内企业进行资源综合利用，促进循环经济发展。

国家鼓励各类产业园区的企业进行废物交换利用、能量梯级利用、土地集约利用、水的分类利用和循环使用，共同使用基础设施和其他有关设施。

新建和改造各类产业园区应当依法进行环境影响评价，并采取生态保护和污染控制措施，确保本区域的环境质量达到规定的标准。

第三十条 企业应当按照国家规定，对生产过程中产生的粉煤灰、煤矸石、尾矿、废石、废料、废气等工业废物进行综合利用。

第三十一条 企业应当发展串联用水系统和循环用水系统，提高水的重复利用率。

企业应当采用先进技术、工艺和设备，对生产过程中产生的废水进行再生利用。

第三十二条 企业应当采用先进或者适用的回收技术、工艺和设备，对生产过程中产生的余热、余压等进行综合利用。

建设利用余热、余压、煤层气以及煤矸石、煤泥、垃圾等低热值燃料的并网发电项目，应当依照法律和国务院的规定取得行政许可或者报送备案。电网企业应当按照国家规定，与综合利用资源发电的企业签订并网协议，提供上网服务，并全额收购并网发电项目的上网电量。

第三十三条 建设单位应当对工程施工中产生的建筑废物进行综合利用；不具备综合利用条件的，应当委托具备条件的生产经营者进行综合利用或者无害化处置。

第三十四条 国家鼓励和支持农业生产者和相关企业采用先进或者适用技术，对农作物秸秆、畜禽粪便、农产品加工业副产品、废农用薄膜等进行综合利用，开发利用沼气等生物质能源。

第三十五条 县级以上人民政府及其林业主管部门应当积极发展生态林业，鼓励和支持林业生产者和相关企业采用木材节约和代用技术，开展林业废弃物和次小薪材、沙生灌木等综合利用，提高木材综合利用率。

第三十六条 国家支持生产经营者建立产业废物交换信息系统，促进企业交流产业废物信息。

企业对生产过程中产生的废物不具备综合利用条件的，应当提供给具备条件的生产经营者进行综合利用。

第三十七条 国家鼓励和推进废物回收体系建设。

地方人民政府应当按照城乡规划，合理布局废物回收网点和交易市场，支持废物回收企业和其他组织开展废物的收集、储存、运输及信息交流。

废物回收交易市场应当符合国家环境保护、安全和消防等规定。

第三十八条 对废电器电子产品、报废机动车船、废轮胎、废铅酸电池等特定产品进行拆解或者再利用，应当符合有关法律、行政法规的规定。

第三十九条 回收的电器电子产品，经过修复后销售的，必须符合再利用产品标准，并在显著位置标识为再利用产品。

回收的电器电子产品，需要拆解和再生利用的，应当交售给具备条件的拆解企业。

第四十条 国家支持企业开展机动车零部件、工程机械、机床等产品的再制造和轮胎翻新。

销售的再制造产品和翻新产品的质量必须符合国家规定的标准，并在显著位置标识为再制造产品或者翻新产品。

第四十一条 县级以上人民政府应当统筹规划建设城乡生活垃圾分类收集和资源化利用设施，建立和完善分类收集和资源化利用体系，提高生活垃圾资源化率。

县级以上人民政府应当支持企业建设污泥资源化利用和处置设施，提高污泥综合利用水平，防止产生再次污染。

第五章 激励措施

第四十二条 国务院和省、自治区、直辖市人民政府设立发展循环经济的有关专项资金，支持循环经济的科技研究开发、循环经济技术和产品的示范与推广、重大循环经济项目的实施、发展循环经济的信息服务等。具体办法由国务院财政部门会同国务院循环经济发展综合管理等有关主管部门制定。

第四十三条 国务院和省、自治区、直辖市人民政府及其有关部门应当将循环经济重大科技攻关项目的自主创新研究、应用示范和产业化发展列入国家或者省级科技发展规划和高技术产业发展规划，并安排财政性资金予以支持。

利用财政性资金引进循环经济重大技术、装备的，应当制定消化、吸收和创新方案，报有关主管部门审批并由其监督实施；有关主管部门应当根据实际需要建立协调机制，对重大技术、装备的引进和消化、吸收、创新实行统筹协调，并给予资金支持。

第四十四条 国家对促进循环经济发展的产业活动给予税收优惠，并运用税收等措施鼓励进口先进的节能、节水、节材等技术、设备和产品，限制在生产过程中耗能高、污染重的产品的出口。具体办法由国务院财政、税务主管部门制定。

企业使用或者生产列入国家清洁生产、资源综合利用等鼓励名录的技术、工艺、设备或者产品的，按照国家有关规定享受税收优惠。

第四十五条 县级以上人民政府循环经济发展综合管理部门在制定和实施投资计划时，应当将节能、节水、节地、节材、资源综合利用等项目列为重点投资领域。

对符合国家产业政策的节能、节水、节地、节材、资源综合利用等项目，金融机构应当给予优先贷款等信贷支持，并积极提供配套金融服务。

对生产、进口、销售或者使用列入淘汰名录的技术、工艺、设备、材料或者产品的企业，金融机构不得提供任何形式的授信支持。

第四十六条 国家实行有利于资源节约和合理利用的价格政策，引导单位和个人节约和合理使用水、电、气等资源性产品。

国务院和省、自治区、直辖市人民政府的价格主管部门应当按照国家产业政策，对资源高消耗行业中的限制类项目，实行限制性的价格政策。

对利用余热、余压、煤层气以及煤矸石、煤泥、垃圾等低热值燃料的并网发电项目，价格主管部门按照有利于资源综合利用的原则确定其上网电价。

省、自治区、直辖市人民政府可以根据本行政区域经济社会发展状况，实行垃圾排放收费制度。收取的费用专项用于垃圾分类、收集、运输、贮存、利用和处置，不得挪作他用。

国家鼓励通过以旧换新、押金等方式回收废物。

第四十七条 国家实行有利于循环经济发展的政府采购政策。使用财政性资金进行采购的，应当优先采购节能、节水、节材和有利于保护环境的产品及再生产品。

第四十八条 县级以上人民政府及其有关部门应当对在循环经济管理、科学技术研究、产品开发、示范和推广工作中做出显著成绩的单位和个人给予表彰和奖励。

企业事业单位应当对在循环经济发展中做出突出贡献的集体和个人给予表彰和奖励。

第六章　法律责任

第四十九条　县级以上人民政府循环经济发展综合管理部门或者其他有关主管部门发现违反本法的行为或者接到对违法行为的举报后不予查处，或者有其他不依法履行监督管理职责行为的，由本级人民政府或者上一级人民政府有关主管部门责令改正，对直接负责的主管人员和其他直接责任人员依法给予处分。

第五十条　生产、销售列入淘汰名录的产品、设备的，依照《中华人民共和国产品质量法》的规定处罚。

使用列入淘汰名录的技术、工艺、设备、材料的，由县级以上地方人民政府循环经济发展综合管理部门责令停止使用，没收违法使用的设备、材料，并处五万元以上二十万元以下的罚款；情节严重的，由县级以上人民政府循环经济发展综合管理部门提出意见，报请本级人民政府按照国务院规定的权限责令停业或者关闭。

违反本法规定，进口列入淘汰名录的设备、材料或者产品的，由海关责令退运，可以处十万元以上一百万元以下的罚款。进口者不明的，由承运人承担退运责任，或者承担有关处置费用。

第五十一条　违反本法规定，对在拆解或者处置过程中可能造成环境污染的电器电子等产品，设计使用列入国家禁止使用名录的有毒有害物质的，由县级以上地方人民政府产品质量监督部门责令限期改正；逾期不改正的，处二万元以上二十万元以下的罚款；情节严重的，由县级以上地方人民政府产品质量监督部门向本级工商行政管理部门通报有关情况，由工商行政管理部门依法吊销营业执照。

第五十二条　违反本法规定，电力、石油加工、化工、钢铁、有色金属和建材等企业未在规定的范围或者期限内停止使用不符合国家规定的燃油发电机组或者燃油锅炉的，由县级以上地方人民政府循环经济发展综合管理部门责令限期改正；逾期不改正的，责令拆除该燃油发电机组或者燃油锅炉，并处五万元以上五十万元以下的罚款。

第五十三条　违反本法规定，矿山企业未达到经依法审查确定的开采回采率、采矿贫化率、选矿回收率、矿山水循环利用率和土地复垦率等指标的，由县级以上人民政府地质矿产主管部门责令限期改正，处五万元以上五十万元以下的罚款；逾期不改正的，由采矿许可证颁发机关依法吊销采矿许可证。

第五十四条　违反本法规定，在国务院或者省、自治区、直辖市人民政府规定禁止生产、销售、使用黏土砖的期限或者区域内生产、销售或者使用黏土砖的，由县级以上地方人民政府指定的部门责令限期改正；有违法所得的，没收违法所得；逾期继续生产、销售的，由地方人民政府工商行政管理部门依法吊销营业执照。

第五十五条　违反本法规定，电网企业拒不收购企业利用余热、余压、煤层气以及煤矸石、煤泥、垃圾等低热值燃料生产的电力的，由国家电力监管机构责令限期改正；造成企业损失的，依法承担赔偿责任。

第五十六条　违反本法规定，有下列行为之一的，由地方人民政府工商行政管理部门责令限期改正，可以处五千元以上五万元以下的罚款；逾期不改正的，依法吊销营业执照；造成损失的，依法承担赔偿责任：

（一）销售没有再利用产品标识的再利用电器电子产品的；

（二）销售没有再制造或者翻新产品标识的再制造或者翻新产品的。

第五十七条　违反本法规定，构成犯罪的，依法追究刑事责任。

第七章　附　则

第五十八条　本法自 2009 年 1 月 1 日起施行。

附录四　中华人民共和国矿产资源法

1986年3月19日第六届全国人民代表大会
常务委员会第十五次会议通过
根据1996年8月29日第八届全国人民代表大会
常务委员会第二十一次会议《关于修改
〈中华人民共和国矿产资源法〉的决定》修正

目　　录

第一章　总　则

第一条　为了发展矿业，加强矿产资源的勘查、开发利用和保护工作，保障社会主义现代化建设的当前和长远的需要，根据中华人民共和国宪法，特制定本法。

第二条　在中华人民共和国领域及管辖海域勘查、开采矿产资源，必须遵守本法。

第三条　矿产资源属于国家所有，由国务院行使国家对矿产资源的所有权。地表或者地下的矿产资源的国家所有权，不因其所依附的土地的所有权或者使用权的不同而改变。

国家保障矿产资源的合理开发利用。禁止任何组织或者个人用任何手段侵占或者破坏矿产资源。各级人民政府必须加强矿产资源的保护工作。

勘查、开采矿产资源，必须依法分别申请、经批准取得探矿权、采矿权，并办理登记；但是，已经依法申请取得采矿权的矿山企业在划定的矿区范围内为本企业的生产而进行的勘查除外。国家保护探矿权和采矿权不受侵犯，保障矿区和勘查作业区的生产秩序、工作秩序不受影响和破坏。

从事矿产资源勘查和开采的，必须符合规定的资质条件。

第四条 国家保障依法设立的矿山企业开采矿产资源的合法权益。

国有矿山企业是开采矿产资源的主体。国家保障国有矿业经济的巩固和发展。

第五条 国家实行探矿权、采矿权有偿取得的制度；但是，国家对探矿权、采矿权有偿取得的费用，可以根据不同情况规定予以减缴、免缴。具体办法和实施步骤由国务院规定。

开采矿产资源，必须按照国家有关规定缴纳资源税和资源补偿费。

第六条 除按下列规定可以转让外，探矿权、采矿权不得转让。

（一）探矿权人有权在划定的勘查作业区内进行规定的勘查作业，有权优先取得勘查作业区内矿产资源的采矿权。探矿权人在完成规定的最低勘查投入后，经依法批准，可以将探矿权转让他人。

（二）已取得采矿权的矿山企业，因企业合并、分立，与他人合资、合作经营，或者因企业资产出售以及有其有其他变更企业资产产权的情形而需要变更采矿权主体的，经依法批准可以将采矿权转让他人采矿。

前款规定的具体办法和实施步骤由国务院规定。

禁止将探矿权、采矿权倒卖牟利。

第七条 国家对矿产资源的勘查、开发实行统一规划、合理布局、综合勘查、合理开采和综合利用的方针。

第八条 国家鼓励矿产资源勘查、开发的科学技术研究，推广先进技术，提高矿产资源勘查、开发的科学技术水平。

第九条 在勘查、开发、保护矿产资源和进行科学技术研究等方面成绩显著的单位和个人，由各级人民政府给予奖励。

第十条 国家在民族自治地方开采矿产资源，应当照顾民族自治地方的利益，作出有利于民族自治地方经济建设的安排，照顾当地少数民族群众的生产和生活。

民族自治地方的自治机关根据法律规定和国家的统一规划，对可以由本地方开发的矿产资源，优先合理开发利用。

第十一条 国务院地质矿产主管部门主管全国矿产资源勘查、开采的监督管理工作。国务院有关主管部门协助国务院地质矿产主管部门进行矿产资源勘查、开采的监督管理工作。

省、自治区、直辖市人民政府地质矿产主管部门主管本行政区域内矿产资源勘查、开采的监督管理工作。省、自治区、直辖市人民政府有关主管部门协助同级地质矿产主管部门进行矿产资源勘查、开采的监督管理工作。

第二章 矿产资源勘查的登记和开采的审批

第十二条 国家对矿产资源勘查实行统一的区块登记管理制度。矿产资源勘查登记工作，由国务院地质矿产主管部门负责；特定矿种的矿产资源勘查登记工作，可以由国务院授权有关主管部门负责。矿产资源勘查区块登记管理办法由国务院制定。

第十三条 国务院矿产储量审批机构或者省、自治区、直辖市矿产储量审批机构负责审查批准供矿山建设设计使用的勘探报告，并在规定的期限内批复报送单位。勘探报告未经批准，不得作为矿山建设设计的依据。

第十四条 矿产资源勘查成果档案资料和各类矿产储量的统计资料，实行统一的管理制度，按照国务院规定汇交或者填报。

第十五条 设立矿山企业，必须符合国家规定的资质条件，并依照法律和国家有关规定，由审批机关对其矿区范围、矿山设计或者开采方案、生产技术条件、安全措施和环境保护措施等进行审查；审查合格的，方予批准。

第十六条 开采下列矿产资源的，由国务院地质矿产主管部门审批，并颁发采矿许可证：

（一）国家规划矿区和对国民经济具有重要价值的矿区内的矿产资源；

（二）前项规定区域以外可供开采的矿产储量规模在大型以上的矿产资源；

（三）国家规定实行保护性开采的特定矿种；

（四）领海及中国管辖的其他海域的矿产资源；

（五）国务院规定的其他矿产资源。

开采石油、天然气、放射性矿产等特定矿种的，可以由国务院授权的有关主管部门审批，并颁发采矿许可证。

开采第一款、第二款规定以外的矿产资源，其可供开采的矿产的储量规模为中型的，由省、自治区、直辖市人民政府地质矿产主管部门审批和颁发采矿许可证。

开采第一款、第二款和第三款规定以外的矿产资源的管理办法，由省、自治区、直辖市人民代表大会常务委员会依法制定。

依照第三款、第四款的规定审批和颁发采矿许可证的，由省、自治区、直辖市人民政府地质矿产主管部门汇总向国务院地质矿产主管部门备案。

矿产储量规模的大型、中型的划分标准，由国务院矿产储量审批机构规定。

第十七条　国家对国家规划矿区、对国民经济具有重要价值的矿区和国家规定实行保护性开采的特定矿种，实行有计划的开采；未经国务院有关主管部门批准，任何单位和个人不得开采。

第十八条　国家规划矿区的范围；对国民经济具有重要价值的矿区的范围、矿山企业矿区的范围依法划定后，由划定矿区范围的主管机关通知有关县级人民政府予以公告。

矿山企业变更矿区范围，必须报请原审批机关批准，并报请原颁发采矿许可证的机关重新核发采矿许可证。

第十九条　地方各级人民政府应当采取措施，维护本行政区域内的国有矿山企业和其他矿山企业矿区范围内的正常秩序。

禁止任何单位和个人进入他人依法设立的国有矿山企业和其他矿山企业矿区范围内采矿。

第二十条　非经国务院授权的有关主管部门同意，不得在下列地区开采矿产资源：

（一）港口、机场、国防工程设施圈定地区以内；

（二）重要工业区、大型水利工程设施、城镇市政工程设施附近一定距离以内；

（三）铁路、重要公路两侧一定距离以内；

（四）重要河流、堤坝两侧一定距离以内；

（五）国家划定的自然保护区、重要风景区，国家重点保护的不能移动的历史文物和名胜古迹所在地；

（六）国家规定不得开采矿产资源的其他地区。

第二十一条　关闭矿山，必须提出矿山闭坑报告及有关采掘工程、不安全隐患、土地复垦利用、环境保护的资料，并按照国家规定报请审查批准。

第二十二条 勘查、开采矿产资源时，发现具有重大科学文化价值的罕见地质现象以及文化古迹，应当加以保护并及时报告有关部门。

第三章 矿产资源的勘查

第二十三条 区域地质调查按照国家统一规划进行。区域地质调查的报告和图件按照国家规定验收，提供有关部门使用。

第二十四条 矿产资源普查在完成主要矿种普查任务的同时，应当对工作区内包括共生或者伴生矿产的成矿地质条件和矿床工业远景作出初步综合评价。

第二十五条 矿床勘探必须对矿区内具有工业价值的共生和伴生矿产进行综合评价，并计算其储量。未作综合评价的勘探报告不予批准。但是，国务院计划部门另有规定的矿床勘探项目除外。

第二十六条 普查、勘探易损坏的特种非金属矿产、流体矿产、易燃易爆易溶矿产和含有放射性元素的矿产，必须采用省级以上人民政府有关主管部门规定的普查、勘探方法，并有必要的技术装备和安全措施。

第二十七条 矿产资源勘查的原始地质编录和图件，岩矿心、测试样品和其他实物标本资料，各种勘查标志，应当按照有关规定保护和保存。

第二十八条 矿床勘探报告及其他有价值的勘查资料，按照国务院规定实行有偿使用。

第四章 矿产资源的开采

第二十九条 开采矿产资源，必须采取合理的开采顺序、开采方法和选矿工艺。矿山企业的开采回采率、采矿贫化率和选矿回收率应当达到设计要求。

第三十条 在开采主要矿产的同时，对具有工业价值的共生和伴生矿产应当统一规划，综合开采，综合利用，防止浪费；对暂时不能综合开采或者必须同时采出而暂时还不能综合利用的矿产以及含有有用组分的尾矿，应当采取有效的保护措施，防止损失破坏。

第三十一条 开采矿产资源，必须遵守国家劳动安全卫生规定，具备保障安全生产的必要条件。

第三十二条　开采矿产资源，必须遵守有关环境保护的法律规定，防止污染环境。

开采矿产资源，应当节约用地。耕地、草原、林地因采矿受到破坏的，矿山企业应当因地制宜地采取复垦利用、植树种草或者其他利用措施。

开采矿产资源给他人生产、生活造成损失的，应当负责赔偿，并采取必要的补救措施。

第三十三条　在建设铁路、工厂、水库、输油管道、输电线路和各种大型建筑物或者建筑群之前，建设单位必须向所在省、自治区、直辖市地质矿产主管部门了解拟建工程所在地区的矿产资源分布和开采情况。非经国务院授权的部门批准，不得压覆重要矿床。

第三十四条　国务院规定由指定的单位统一收购的矿产品，任何其他单位或者个人不得收购；开采者不得向非指定单位销售。

第五章　集体矿山企业和个体采矿

第三十五条　国家对集体矿山企业和个体采矿实行积极扶持、合理规划、正确引导、加强管理的方针，鼓励集体矿山企业开采国家指定范围内的矿产资源允许个人采挖零星分散资源和只能用作普通建筑材料的砂、石、黏土以及为生活自用采挖少量矿产。

矿产储量规模适宜由矿山企业开采的矿产资源、国家规定实行保护性开采的特定矿种和国家规定禁止个人开采的其他矿产资源，个人不得开采。

国家指导、帮助集体矿山企业和个体采矿不断提高技术水平、资源利用率和经济效益。

地质矿产主管部门、地质工作单位和国有矿山企业应当按照积极支持、有偿互惠的原则向集体矿山企业和个体采矿提供地质资料和技术服务。

第三十六条　国务院和国务院有关主管部门批准开办的矿山企业矿区范围内已有的集体矿山企业，应当关闭或者到指定的其他地点开采，由矿山建设单位给予合理的补偿，并妥善安置群众生活；也可以按照该矿山企业的统筹安排，实行联合经营。

第三十七条 集体矿山企业和个体采矿应当提高技术水平，提高矿产资源回收率。禁止乱挖滥采，破坏矿产资源。

集体矿山企业必须测绘井上、井下工程对照图。

第三十八条 县级以上人民政府应当指导、帮助集体矿山企业和个体采矿进行技术改造，改善经营管理，加强安全生产。

第六章 法律责任

第三十九条 违反本法规定，未取得采矿许可证擅自采矿的，擅自进入国家规划矿区、对国民经济具有重要价值的矿区范围采矿的，擅自开采国家规定实行保护性开采的特定矿种的，责令停止开采、赔偿损失，没收采出的矿产品和违法所得，可以并处罚款；拒不停止开采，造成矿产资源破坏的，依照刑法第一百五十六条的规定对直接责任人员追究刑事责任。

单位和个人进入他人依法设立的国有矿山企业和其他矿山企业矿区范围内采矿的，依照前款规定处罚。

第四十条 超越批准的矿区范围采矿的，责令退回本矿区范围内开采、赔偿损失，没收越界开采的矿产品和违法所得，可以并处罚款；拒不退回本矿区范围内开采，造成矿产资源破坏的，吊销采矿许可证，依照刑法第一百五十六条的规定对直接责任人员追究刑事责任。

第四十一条 盗窃、抢夺矿山企业和勘查单位的矿产品和其他财物的，破坏采矿、勘查设施的，扰乱矿区和勘查作业区的生产秩序、工作秩序的，分别依照刑法有关规定追究刑事责任；情节显著轻微的，依照治安管理处罚条例有关规定予以处罚。

第四十二条 买卖、出租或者以其他形式转让矿产资源的，没收违法所得，处以罚款。

违反本法第六条的规定将探矿权、采矿权倒卖牟利的，吊销勘查许可证、采矿许可证，没收违法所得，处以罚款。

第四十三条 违反本法规定收购和销售国家统一收购的矿产品的，没收矿产品和违法所得，可以并处罚款；情节严重的，依照刑法第一百一十七条、第一百一十八条的规定，追究刑事责任。

第四十四条 违反本法规定，采取破坏性的开采方法开采矿产资源的，处以罚款，可以吊销采矿许可证；造成矿产资源严重破坏的，依照刑法第一百五十六条的规定对直接责任人员追究刑事责任。

第四十五条　本法第三十九条、第四十条、第四十二条规定的行政处罚，由县级以上人民政府负责地质矿产管理工作的部门按照国务院地质矿产主管部门规定的权限决定。第四十三条规定的行政处罚，由县级以上人民政府工商行政管理部门决定。第四十四条规定的行政处罚，由省、自治区、直辖市人民政府地质矿产主管部门决定。给予吊销勘查许可证或者采矿许可证处罚的，须由原发证机关决定。

依照第三十九条、第四十条、第四十二条、第四十四条规定应当给予行政处罚而不给予行政处罚的，上级人民政府地质矿产主管部门有权责令改正或者直接给予行政处罚。

第四十六条　当事人对行政处罚决定不服的，可以依法申请复议，也可以依法直接向人民法院起诉。

当事人逾期不申请复议也不向人民法院起诉，又不履行处罚决定的，由作出处罚决定的机关申请人民法院强制执行。

第四十七条　负责矿产资源勘查、开采监督管理工作的国家工作人员和其他有关国家工作人员徇私舞弊、滥用职权或者玩忽职守，违反本法规定批准勘查、开采矿产资源和颁发勘查许可证、采矿许可证，或者对违法采矿行为不依法予以制止、处罚，构成犯罪的，依法追究刑事责任；不构成犯罪的，给予行政处分。违法颁发的勘查许可证、采矿许可证，上级人民政府地质矿产主管部门有权予以撤销。

第四十八条　以暴力、威胁方法阻碍从事矿产资源勘查、开采监督管理工作的国家工作人员依法执行职务的，依照刑法第一百五十七条的规定追究刑事责任；拒绝、阻碍从事矿产资源勘查、开采监督管理工作的国家工作人员依法执行职务未使用暴力、威胁方法的，由公安机关依照治安管理处罚条例的规定处罚。

第四十九条　矿山企业之间的矿区范围的争议，由当事人协商解决，协商不成的，由有关县级以上地方人民政府根据依法核定的矿区范围处理；跨省、自治区、直辖市的矿区范围的争议，由有关省、自治区、直辖市人民政府协商解决，协商不成的，由国务院处理。

第七章　附　则

第五十条　外商投资勘查、开采矿产资源，法律、行政法规另有规定的，从其规定。

第五十一条 本法施行以前，未办理批准手续、未划定矿区范围、未取得采矿许可证开采矿产资源的，应当依照本法有关规定申请补办手续。

第五十二条 本法实施细则由国务院制定。

第五十三条 本法自1986年10月1日起施行。

附：

刑法有关条款

第一百一十七条 违反金融、外汇、金银、工商管理法规，投机倒把，情节严重的，处三年以下有期徒刑或者拘役，可以并处、单处罚金或者没收财产。

第一百一十八条 以走私、投机倒把为常业的，走私、投机倒把数额巨大的或者走私、投机倒把集团的首要分子，处三年以上十年以下有期徒刑，可以并处没收财产。

第一百五十六条 故意毁坏公私财物，情节严重的，处三年以下有期徒刑、拘役或者罚金。

第一百五十七条 以暴力、威胁方法阻碍国家工作人员依法执行职务的，或者拒不执行人民法院已经发生法律效力的判决、裁定的，处三年以下有期徒刑、拘役、罚金或者剥夺政治权利。

第一百五十八条 禁止任何人利用任何手段扰乱社会秩序。扰乱社会秩序情节严重，致使工作、生产、营业和教学、科研无法进行，国家和社会遭受严重损失的，对首要分子处五年以下有期徒刑、拘役、管制或者剥夺政治权利。

参 考 文 献

一、专著类

［1］陈学明：《生态文明论》，重庆出版社 2008 年版。

［2］冯友兰：《中国现代哲学史》，广东人民出版社 1999 年版。

［3］何怀宏：《生态伦理——精神资源与哲学基础》，河北大学出版社 2002 年版。

［4］黄承梁、余谋昌：《生态文明：人类社会全面转型》，中共中央党校出版社 2010 年版。

［5］姬振海：《生态文明论》，人民出版社 2007 年版。

［6］孔繁德：《生态保护概论》，中国环境科学出版社 2010 年版。

［7］李培超：《自然的伦理尊严》，江西人民出版社 2001 年版。

［8］廖福霖：《生态文明建设理论与实践》，中国林业出版社 2003 年版。

［9］刘湘溶：《生态文明论》，湖南教育出版社 1999 年版。

［10］卢风：《从现代文明到生态文明》，中央编译出版社 2009 年版。

［11］马克思、恩格斯：《马克思恩格斯全集》（第 20 卷、第 25 卷）人民出版社 1971 年版。

［12］倪瑞华：《可持续发展的伦理精神》，中国社会科学出版 2005 年版。

［13］倪瑞华：《英国生态学马克思主义研究》，人民出版社 2011 年版。

［14］王雨辰：《生态批判与绿色乌托邦：生态学马克思主义理论研究》，人民出版社 2009 年版。

［15］王雨辰：《走进生态文明》，湖北人民出版社 2011 年版。

［16］薛晓源：《生态文明研究前沿报告》，华东师范大学出版社 2007 年版。

［17］严耕：《生态文明理论构建与文化资源》，中央编译出版社 2010

年版。

［18］杨德才主编：《自然辩证法》，武汉大学出版社 2006 年版。

［19］应启肇：《环境、生态与可持续发展》，浙江大学出版社 2008 年版。

［20］余谋昌：《生态文化论》，河北教育出版社 2001 年版。

［21］余谋昌：《自然价值论》，陕西人民教育出版社 2003 年版。

［22］赵涛著：《经济长波论》，中国人民大学出版社 1988 年版。

［23］中共中央马克思恩格斯列宁斯大林著作编译局编：《马克思恩格斯文选》第 1 卷，人民出版社 1995 年版。

［24］中共中央马克思恩格斯列宁斯大林著作编译局编：《马克思恩格斯文选》第 3 卷，人民出版社 1995 年版。

［25］诸大建：《生态文明与绿色发展》，中国环境科学出版社 2010 年版。

［26］邹庆治：《生态文明研究前沿报告》，华东师范大学出版社 2007 年版。

［27］［美］巴里·康芒纳著：《封闭的循环》，侯文蕙译，吉林人民出版社 1997 年版。

［28］［英］霍华德（Howard，E）著：《明日的田园城市》，商务印书馆 2009 年版。

［29］Rachel，Carson，*Silent spring*，Houghton Mifflin Harcourt，2003.

［30］Donella H，Meadows，*The Limits to growth*，Universe Books，1974.

［31］William Carl，Leiss，*The domination of nature*，Ann Arbor，Mich.，1970.

［32］Ben Agger，*Western Marxism*，Santa Monica，Calif，1979.

［33］Perry，Anderson，*Considerations on Western Marxism*，NLB，1976.

二、论文类

［1］白杨、黄宇驰等：《我国生态文明建设及其评估体系研究进展》，载于《生态学报》2011 年第 20 期。

［2］毕凌岚：《生态城市物质空间系统结构模式研究》，重庆大学硕士学位论文，2004 年。

［3］曹明德、毛涛：《国外环境税制的立法实践及其对我国的启示》，载于《中国政法大学学报》2011 年第 3 期。

［4］陈丽平：《生态补偿条例草稿已经形成》，载于《法制日报》，

2014 年 2 月 28 日，第 3 版。

[5] 陈书琴：《城市生态农业及其在我国发展的意义》，载于《安庆师范学院学报（社会科学版）》2005 年第 1 期。

[6] 陈雯、肖皓、祝树金等：《湖南水污染税的税制设计及征收效应的一般均衡分析》，载于《财经理论与实践》2012 年第 1 期。

[7] 陈学明：《生态马克思主义对于我们建设生态文明的启示》，载于《复旦大学学报（社会科学版）》2008 年第 4 期。

[8] 程秀波：《共生与和谐：人类对待自然的基本伦理态度》，载于《河南师范大学学报（哲学社会科学版）》2003 年第 2 期。

[9] 高萍：《排污税与排污权交易比较分析与选择运用》，载于《税务研究》2012 第 4 期。

[10] 高彤、杨姝影：《国际生态补偿政策对中国的借鉴意义》，载于《环境保护》2006 年第 19 期。

[11] 高炜：《生态文明时代的伦理精神研究》，东北林业大学硕士学位论文，2012 年。

[12] 戈蕾：《生态文明城市建设规划及其指标体系研究》，湖南农业大学硕士学位论文，2010 年。

[13] 龚文斌、邹丰朗：《南水北调中线工程对湖北老河口市影响及其财政对策》，载于《地方财政研究》2011 年第 4 期。

[14] 郭艳红：《关于环境财政政策的文献研究》，载于《经济论坛》2012 年第 7 期。

[15] 国家生态补偿政策研究与试点项目技术组：《国家生态补偿政策研究与试点工作简报》第一辑，2010 年。

[16] 韩坚、谢海平、胡长敏：《温州市生态文明城市的建设》，载于《中国环境管理》2011 年第 4 期。

[17] 韩启萌：《生态城市建设策略研究——以贵州省修文县为例》，《2011 城市发展与规划大会论文集》，2011 年。

[18] 韩兆柱：《生态社会主义与中国特色社会主义》，载于《长春市委党校学报》2003 年第 5 期。

[19] 何伟：《区域城镇空间结构及优化研究》，南京农业大学硕士学位论文，2002 年。

[20] 侯瑜、陈海宇：《基于完全信息静态博弈模型的最优排污费确定》，载于《南开经济研究》2013 年第 1 期。

[21] 黄光宇、闫水玉：《中国城市生态规划建设发展趋势与建议》，《城市规划面对面——2005 年城市规划年会论文集（下）》，2005 年。

[22] 黄光宇、杨培峰：《山地城市空间结构的生态学思考》，载于《城市规划》2005 年第 9 期。

[23] 黄炜：《全流域生态补偿标准设计依据和横向补偿模式》，载于《生态经济》2013 年第 6 期。

[24] 黄志斌、任雪萍：《马克思恩格斯生态思想及当代的价值》，载于《马克思主义研究》2008 年第 7 期。

[25] 江国志、林承举等：《十堰探索生态文明建设体制机制的做法和启示》，载于《政策》，2014 年 11 月 5 日。

[26] 蒋丹璐：《三峡库区及上游生态补偿机制和水污染管理研究》，重庆大学博士学位论文，2012 年。

[27] 金经元：《当前我国城市规划与建设中值得探讨的问题》，载于《城市规划》2001 年第 1 期。

[28] 康瑞华、聂运麟：《生态社会主义在中国》，载于《信阳师范学院学报》2009 年第 3 期。

[29] 孔志峰：《生态补偿机制的财政政策设计》，载于《财政与发展》2007 年第 2 期。

[30] 李·麦萨克、史翰波、罗芙芸、刘海岩：《海之外：从圣迭戈看中国城市》，载于《城市史研究》1997 年第 Z1 期。

[31] 李昌峰、张娈英、赵广川等：《基于演化博弈理论的流域生态补偿研究——以太湖流域为例》，载于《中国人口、资源与环境》2014 年第 1 期。

[32] 李俐：《中美生态补偿政策比较研究》，山东师范大学硕士学位论文，2013 年。

[33] 李梅珍：《论我国生态城市法律制度构建》，山西财经大学硕士学位论文，2010 年。

[34] 李平：《浅谈南水北调中线工程水源地生态与水资源补偿机制的建立》，载于《中国水土保持》2008 年第 9 期。

[35] 李齐云、汤群：《基于生态补偿的横向转移支付制度探讨》，载于《地方财政研究》2008 年第 12 期。

[36] 李文华、井村秀文：《中国生态补偿机制课题组》，中国环境与发展合作委员会，2007 年。

[37] 刘军民：《南水北调中线水源区财政转移支付生态补偿探讨》，载于《环境经济》2010 年第 8 期。

[38] 刘强：《巴西生态补偿财政转移支付实践及启示》，载于《地方财政研究》2010 年第 8 期。

[39] 刘世强：《我国流域生态补偿实践综述》，载于《求实》2011 年第 3 期。

[40] 刘星光、董晓峰、王冰冰：《英国生态城镇规划内容体系与特征分析——以三个典型生态城镇规划为例》，载于《城市发展研究》2014 年第 6 期。

[41] 鲁玉甫：《浅谈城乡规划管理》，《河南省土木建筑学会 2009 年学术年会论文集》，2009 年。

[42] 罗志红、朱青：《构建我国生态补偿机制的财税政策探析》，载于《华东经济管理》2010 年第 3 期。

[43] 马交国、杨永春：《生态理论城市研究综述》，载于《兰州大学学报》2004 年第 9 期。

[44] 潘岳：《生态文明应成为社会文明体系的基础》，载于《瞭望》2007 年第 4 期。

[45] 任婷婷、王光宇：《荷兰水资源税制对我国开征水资源税的启示》，载于《现代商业》2010 年第 12 期。

[46] 佘群芝、王文娟：《环境援助的减污效应——理论和基于 1982～2008 年中国数据的实证分析》，载于《当代经济科学》2013 年第 1 期。

[47] 沈晓鲤：《南水北调中线工程汉江中下游区环境影响评价报告》，湖北省环境科学研究院，2008 年。

[48] 苏明、刘军民、张洁：《促进环境保护的公共财政政策研究》，载于《财政研究》2008 年第 7 期。

[49] 覃玲玲：《生态文明城市建设与指标体系研究》，载于《广西社会科学》2011 年第 7 期。

[50] 陶维平、张良俊、胡晶：《见证“守井人”的奉献——十堰市档案工作服务南水北调工程纪实》，载于《中国档案》2014 年第 12 期。

[51] 王璠：《新农村建设需重视城市化的负面效应》，载于《天水行政学院学报》2009 年第 5 期。

[52] 王刚、肖铭、郭汝、陈煊：《西方城市规划史对我国城市规划的启示》，载于《城市规划》2007 年第 2 期。

[53] 王建辉:《略论不同语境中的“生态文明”构想》,载于《光明日报》,2008 年 9 月 16 日。

[54] 王金霞:《生态补偿财税政策探析》,载于《税务与经济》2009 年第 2 期。

[55] 王敏、冯宗宪:《排污税能够提高环境质量吗》,载于《中国人口·资源与环境》2012 年第 7 期。

[56] 王如松、马世俊:《社会—经济—自然复合生态系统》,载于《生态学报》1984 年第 4 期。

[57] 王如松:《系统化、自然化、经济化、人性化——城市人居住环境规划方法的生态转型》,《中国科协 2001 年会分会场特邀报告汇编》,2007 年。

[58] 王雨辰:《略论我国生态文明理论研究范式的转换》,载于《哲学研究》2009 年第 12 期。

[59] 王玉梅、尚金城、徐凌:《吉林生态省建设规划背景评价的生态足迹分析》,载于《环境科学与管理》2005 年第 5 期。

[60] 温锋华:《基于公共理性的公共规划理论模式研究》,载于《规划师》2011 年第 3 期。

[61] 文佳筠:《低消费高福利:通往生态文明之路》,载于《绿叶》2009 年第 3 期。

[62] 我国流域生态环境补偿机制研究课题组:《京冀间流域生态环境补偿机制研究》,载于《宏观经济研究》2009 年第 9 期。

[63] 肖加元:《欧盟水排污税制国际比较与借鉴》,载于《中南财经政法大学学报》2013 年第 2 期。

[64] 许士春:《排污税与减排补贴的减排效应比较研究》,载于《上海经济研究》2012 年第 7 期。

[65] 杨中文:《水生态补偿财政转移支付制度设计》,载于《北京师范大学学报》,2013 年第 4 期。

[66] 叶盛东:《对生态城市形象设计的思考——以北京生态城市形象设计为例》,载于《北京联合大学学报》2000 年第 1 期。

[67] 袁向华:《排污费与排污税的比较研究》,载于《中国人口、资源与环境》2012 年第 1 期。

[68] 赵来军:《湖泊流域跨界水污染转移税协调模型》,载于《系统工程理论与实践》2010 年第 2 期。

[69] 赵文会、高岩、戴天晟:《跨区域污染排污税管理调控模型》,载于《系统工程理论与实践》2010 年第 2 期。

[70] 郑雪梅:《生态转移支付——基于生态补偿的横向转移支付制度》,载于《环境经济杂志》2006 年第 31 期。

[71] 周生贤:《积极建设生态文明》,载于《求是》2009 年第 11 期。

[72] 周映华:《流域生态补偿的困境与出路——基于东江流域的分析》,载于《公共管理学报》2008 年第 2 期。

[73] Baumol WJ, Oates WE 著,严晓旭(译):《环境经济理论与政策设计》(第二版),经济科学出版社 2003 年版。

[74] Costanza R., d'Arge R., de Groot R., etal: The value of the world's ecosystem services and natural capital, Nature, 1997, P. 253 -260.

[75] Cuperus R., CantersK J,, Udode Haes HA, etal: Guidelines for ecological compensation associated with highways, Biological Conservation, 1999, P. 41 -51.

[76] Kumar P.: Market For Ecosystem Services, New York: the International Institute for Sustainable Development, 2005.

[77] Savy C. E, Jane K. T: Payments for ecosystem services: A review of existing programmes and payment systems, Anchor Environmental Consultants CC, 2004.

[78] Sven B.: Payments for Environmental Services, Some Nuts and Bolts, Occasional Paper No. 42., 2005.

后　　记

人生如梦，岁月如梭，韶华似锦，回首进站当年，人生尚在谷底，生与死，聚与散，乐与悲，事业与感情，追求与人生，一个又一个矛盾的产生，一个又一个矛盾的解决或者悬而未决。黑白交替，阴晴圆缺，寒暑易节，转眼三年已逝。职称的评定，工作的变迁，学术的进步，事业初定。家庭的重建，爱子的重逢，身心的重塑，生活渐稳。三年不易！

三年不易，在事业，在生活，亦在站中。回顾进站以来的点点滴滴，需要感谢的人很多！

感谢博士后导师财科所刘尚希老师！关于财政体制的讲座，使我对政府间的博弈有了全新的认识；关于体育产业财政政策课题的指导，让我对体育的问题有了更宏观的理解；关于一次三分钟的见面，使我对工作态度有了不一样的诠释。尚希老师的言传身教让我受益匪浅！

感谢我的博士导师中南财经政法大学刘京焕老师！没有他多年悉心的培养，没有他曾经的宽容理解与鼓励，没有他在我最艰难时刻的支持，我无法走到今天！

感谢财科所张野平老师！关于进站的事宜，关于博士后基金的申请，关于答辩的流程，张处长的指导让我事半功倍！

感谢财科所魏巍老师、张绿缘老师，他们的辛勤工作让我在站期间少走了许多弯路！

感谢董岩、孙静、贾英悠、边俊杰、王志伟、张霄博士后，袁永宏、彭岩富、萨日娜、崔泽洋、王子林、杨白冰博士，和他们的交流让我对财政有了更进一步的领悟！

感谢我的家人，是他们的关心支持，让我解决了后顾之忧，得以顺利完成学业。

感谢所有给予过我帮助的人！祝你们万事如意，心想事成，一切顺利！

李正旺

2017 年 10 月